大学数学への誘い

佐久間一浩＋小畑久美
Sakuma Kazuhiro+Kobata Kumi
［著］

日評ベーシック・シリーズ

日本評論社

まえがき

本書はリメディアル対応を想定して書かれた大学数学への準備書である．しかし，高等学校における最近のカリキュラム編成の多様化を考慮し，大学 1 年次の講義でも用いることができるように工夫を凝らした．

受験の数学と大学で学ぶ学問としての数学は，その質において大きく異なる．大学生がその質の違いを実感してもらえるように執筆した．受験数学では，数学の内容は細切れに学ぶ．しかし，本書では数学の内容の繋がりを特別に強調している．

本書は 10 章からなり，9 章と 10 章は大学数学の内容を中心に据えている．1 章から 8 章の各章末には，3 段階レベルの演習問題を配置した．Third step はやや進んだ内容を含んでいるため，解けなくてもガッカリする必要はない．本書の姉妹書『高校数学と大学数学の接点』(日本評論社) を適宜参照して，そこに展開される数学の理解を深めてほしい．

平成 26 年 9 月　著者ら

目次

第1章

数と式

本章では数と式について述べる．これらは高校数学の復習でもある．

1.1　数について

例題 1.1 二つの自然数の和が 185 であり，最小公倍数が 222 であるとき，この 2 数を求めよ．

解 2 数を a, b $(a \leqq b)$ とする． a と b の最大公約数を G とするとき，$a = pG$, $b = qG$ （p と q は互いに素）とおける．このとき，条件より

$$a + b = (p + q)G = 185, \qquad pqG = 222$$

となる． p と q は互いに素なので， $p + q$ と pq も互いに素であり， $185 = 5 \cdot 37$, $222 = 6 \cdot 37$ だから， $G = 37$ を得る．よって， $p + q = 5$, $pq = 6$ と $a \leqq b$ より， $p = 2$, $q = 3$ を得る．したがって，求める 2 数は 74 と 111 である． □

上の解法がスムーズにいったのは，求める 2 数が比較的小さい数であり，最大公約数 G がすぐに求まったことによる．最大公約数は，記号で $G = (a, b)$ と書くこともある．a と b が互いに素ならば，$(a, b) = 1$ である．さて，2 数の最大公約数 G の効率よい求め方は，**ユークリッドの互除法**によるのが便利である．ユークリッドの互除法とは，次の事実である：“二つの自然数 a, b の最大公約数を G とするとき，$ax + by = G$ を満たす整数 x, y が存在する．”

互除法の原理は次の通りである：

a, b を自然数とし，a を b で割った商が q で，余りが r のとき，$a = qb + r$ と表せるが，$(a, b) = (b, r)$ である．

また，上の解法で “p と q は互いに素なので，$p+q$ と pq も互いに素であり” の部分も重要な事実である．これは読者の演習 (問 1.7 参照) とする．

数の概念の拡張について概観する．1, 2, 3, $\cdots$ を**自然数** (正の整数) という．a, b を自然数とするとき，その和 $a+b$, 積 ab もまた自然数である．しかし，差 $a-b$ は必ずしも自然数とはならないので，$a=b$, $a<b$ のときにも $a-b$ が計算可能なように，0 と負の整数を考え，自然数と 0 および負の整数を総称して**整数**という．

さらに，割り算 $a \div b$ が可能なように，$b \neq 0$ のとき商 $\dfrac{a}{b}$ を考え，これを**分数**という．整数と分数を総称して**有理数**という．このように有理数は割り算が可能なので，有限小数か循環小数に表すことができる．例えば，$\dfrac{1}{3} = 0.333\cdots = 0.\dot{3}$ となる．もう一言付け加えれば，有理数の集合は四則演算 (加減乗除) で閉じている (第 9 章参照) といえる．

正の整数 a に対して，ある整数 m があって $a = m^2$ となるとき，a を**平方数**という (例えば，$1, 4, 9, 16, \cdots$)．a が平方数でないとき，$\sqrt{a}$ は有理数ではなく，有限小数や循環小数として表すことができない．このような数を**無理数**という．無理数と有理数を総称して**実数**という．

さらに，実数の範囲で，負の実数の平方根は考えられないので，**虚数単位** $i = \sqrt{-1}$ を導入して，負の実数の平方根として**虚数**を定める．虚数と実数を総称して**複素数**という．

例題 1.2 実数を係数とする 3 次方程式 $x^3 + ax^2 + bx + 8 = 0$ が $x = 1 + i$ を一つの解にもつとき，a, b を求めよ．

解 $x^2 = (1+i)^2 = 2i$, $x^3 = 2i(1+i) = -2+2i$ である．これらを方程式に代入すると，

$$-2 + 2i + 2ai + b(1+i) + 8 = 0$$

$$6 + b + (2a + b + 2)i = 0$$

を得るが，実数部分と虚数部分はともに 0 であるから，連立方程式 $b + 6 = 0$, $2a + b + 2 = 0$ を得る．これを解いて，$b = -6$, $a = 2$ が得られる． □

上で，“実数部分と虚数部分はともに0であるから” の部分はもう少し正確にいうと，a と b を実数とするとき，

$$a + bi = 0 \implies a = b = 0 \tag{1.1}$$

であり，これは高校数学の常識であるが，(1.1) を大学数学では 1 と i の**一次独立性**という．一次独立については，§ 10.1 でもう少し詳しく学ぶ．

1.2 式の計算と二項定理

例題 1.3 次の等式

$$\frac{2+\sqrt{3}}{2-\sqrt{3}} = n + r \qquad (n : \text{整数},\ 0 < r < 1)$$

を満たす整数 n と実数 r を求めよ．

解 まずは分母の有理化をおこなうと，

$$\frac{2+\sqrt{3}}{2-\sqrt{3}} = \frac{(2+\sqrt{3})^2}{(2-\sqrt{3})(2+\sqrt{3})} = (2+\sqrt{3})^2 = 7 + 4\sqrt{3}$$

を得る．あとは $7 + 4\sqrt{3}$ の整数部分 n を求めればよいが，そのためには $m < 4\sqrt{3} < m + 1$ を満たす整数 m を求めなければならない．ところで，$1 < 3 < 4$ だから，$1 < \sqrt{3} < 2$ となるので，$4 < 4\sqrt{3} < 8$ を得る．これより，$m = 5, 6, 7$ のいずれかである．さらに，$1.7^2 = 2.89 < 3 < 1.8^2 = 3.24$ より，$1.7 < \sqrt{3} < 1.8$ となり，$6.8 < 4\sqrt{3} < 7.2$ を得る．よって，$m = 6, 7$ のいずれかである．さらに，$1.73^2 = 2.9929 < 3 < 1.74^2 = 3.0276$ より，$1.73 < \sqrt{3} < 1.74$ となり，$6.92 < 4\sqrt{3} < 6.96$ を得る．よって，$m = 6$ であるから，$n = 13$ を得る．最後に，$r = 7 + 4\sqrt{3} - n = -6 + 4\sqrt{3}$ である． □

分母の有理化をおこなう部分で，次に挙げる**乗法公式**の (1) と (2) を用いている．

(1) $(a \pm b)^2 = a^2 \pm 2ab + b^2$

(2) $(a+b)(a-b) = a^2 - b^2$

(3) $(x+a)(x+b) = x^2 + (a+b)x + ab$

(4) $(ax+b)(cx+d) = acx^2 + (ad+bc)x + bd$

(5) $(a+b+c)^2 = a^2 + b^2 + c^2 + 2ab + 2bc + 2ca$

(6) $(a \pm b)^3 = a^3 \pm 3a^2b + 3ab^2 \pm b^3$

(7) $(a+b)(a^2 - ab + b^2) = a^3 + b^3$

(8) $(a-b)(a^2 + ab + b^2) = a^3 - b^3$

(9) $(ax+by)^2 + (bx-ay)^2 = (a^2+b^2)(x^2+y^2)$

(10) $(a+b+c)(a^2+b^2+c^2-ab-bc-ca) = a^3+b^3+c^3-3abc$

整式の計算をする際に，乗法公式は基本となる．それでは整式についてまとめておく．

いくつかの文字や数の積で表された式を**単項式**といい，単項式の数の部分を**係数**という．いくつかの単項式の和で表された式を**多項式**といい，単項式と多項式を総称して**整式**という．例えば，

$$f(x) = a_0x^n + a_1x^{n-1} + \cdots + a_{n-1}x + a_n \tag{1.2}$$

は文字 x の多項式であり，$a_0 \neq 0$ であれば $f(x)$ の次数は n なので，n **次多項式**という．なお，$f(x) = a_n$ (定数) も整式だから，以下に述べる整式に関するさまざまな性質は，数に対する性質も含んだ拡張であると理解するとよい．

整式の計算は，文字式に関する計算法則 (加法・乗法の交換法則，加法・乗法の結合法則，分配法則) に基づく．二つの整式 P, Q に対して

- **和** $P+Q$ はそれぞれの整式の同類項の係数の和をとる．また，差については $P-Q = P+(-Q)$ である．つまり Q のすべての項の符号を変えて，和をとる．
- **積** PQ は，分配法則および指数法則に基づき計算する．

ここで，**指数法則**とは，文字 a, b の指数に関する次の四つの法則である：

(1) $a^m a^n = a^{m+n}$

(2) $(a^m)^n = a^{mn}$

(3) $(ab)^n = a^n b^n$

(4) $\dfrac{a^m}{a^n} = a^{m-n}$

整式の**除法**は，A と B を整式とするとき

$$A = BQ + R \qquad (Q \text{ を\textbf{商}，} R \text{ を\textbf{余り}という})$$

を満たす整式 Q, R を求めることであり，このとき **A を B で割る**という．このとき，整式 B の次数は R の次数よりも大きく，$R=0$ のとき，A は B で**割り切れる**といい，$B \mid A$ と書く．

式 (1.2) において，各係数 a_i が整数で，n 次多項式 $f(x)$ が整数 m を解にもつとき，すなわち $f(m)=0$ が成り立つならば，$m|a_n$ である．実際，$a_0m^n + a_1m^{n-1} + \cdots + a_{n-1}m + a_n = 0$ ならば，$a_n = -m(a_0m^{n-1} + \cdots + a_{n-1})$ だからである．

自然数 n に対して，$n! = 1 \times 2 \times \cdots \times n$ を n の**階乗**という．特に，$0! = 1$ と定める．また，

$$\binom{n}{k} = \frac{n!}{(n-k)!k!}$$

を**二項係数**[1]という．次の等式を**二項定理**という：

$$(a+b)^n = \binom{n}{0}a^n + \binom{n}{1}a^{n-1}b + \cdots + \binom{n}{k}a^{n-k}b^k + \cdots + \binom{n}{n-1}ab^{n-1} + \binom{n}{n}b^n$$

また，$(a+b+c)^n$ の展開式の一般項は

1] 高校では，組合せの総数 ${}_n\mathrm{C}_k = \dfrac{n!}{(n-k)!k!}$ をも二項係数とよぶ習慣がある．

$$\frac{n!}{p!q!r!}a^p b^q c^r \qquad (p+q+r=n)$$

である．

例題 1.4 $\left(2x^2 - \dfrac{1}{x}\right)^{20}$ の x^{-14} の係数を求めよ．

解 一般項は

$$\begin{aligned}\binom{20}{k}(2x^2)^{20-k}\left(-\frac{1}{x}\right)^k &= (-1)^k\binom{20}{k}2^{20-k}x^{2(20-k)-k}\\ &= (-1)^k\binom{20}{k}2^{20-k}x^{40-3k}\end{aligned}$$

なので，x^{-14} の係数を求めてみると，$40-3k=-14$ より，$k=18$ を得る．よって，求める係数は

$$(-1)^{18}\binom{20}{18}2^2 = (-1)^{18}\frac{20!}{(20-18)!\cdot 18!}\cdot 2^2 = 760$$

となる． □

1.3 因数分解と分数式・恒等式

例題 1.5 整式 $6x^2+5xy+y^2+2x-y-20$ を因数分解せよ．

解 x を変数，y を定数とみなし，4 ページの乗法公式の (4) を用いると，

$$\begin{aligned}6x^2+5xy+y^2+2x-y-20 &= 6x^2+(5y+2)x+y^2-y-20\\ &= 6x^2+(5y+2)x+(y-5)(y+4)\\ &= (2x+y+4)(3x+y-5)\end{aligned}$$

を得る． □

一つの整式 A を二つ以上の整式 $P, Q, R, \cdots$ の積 $A=PQR\cdots$ に表すことを A の**因数分解**といい，各 P, Q, R 等を A の**因数**という．

因数分解の方法は，基本的には次の四つである：

(1) 共通因数をくくり出す.
(2) 乗法公式の適用および応用.
(3) 置換により，(1) または (2) に帰着.
(4) 因数定理[2]の適用.

これら以外にも整式の個別な式の性格に応じて，‘うまい変形’ が必要となる場合もある.

例えば,「$(x-y)^3+(y-z)^3+(z-x)^3$ を因数分解せよ.」を考えてみよう. 与式が交代式[3]であることから，交代式 $(x-y)(y-z)(z-x)$ を因数にもつのは明らかで，さらに次数を比べて

$$(x-y)^3+(y-z)^3+(z-x)^3=k(x-y)(y-z)(z-x)$$

となる整数 k が存在することもわかる. そこで両辺の x^2y の係数を比較して $k=3$ が得られる. しかしながら，これは乗法公式の応用として求めることも可能である. 乗法公式 (10) において，$a=x-y$, $b=y-z$, $c=z-x$ と置換すると，$a+b+c=0$ に注意すれば $a^3+b^3+c^3=3abc$ なので，

$$(x-y)^3+(y-z)^3+(z-x)^3=3(x-y)(y-z)(z-x)$$

がただちに得られる.

次に最大公約数・最小公倍数について述べる. 整式 A が整式 B で割り切れるとき，A を B の**倍数**といい，B を A の**約数**または因数という. 二つ以上の整式に共通な約数 (あるいは倍数) を**公約数** (あるいは**公倍数**) といい，公約数の中で次数が最大 (あるいは最小) のものを**最大公約数** (あるいは**最小公倍数**) という. 二つの整式の最大公約数が 1 であるとき，これらの整式は**互いに素**であるという. 特に，記号 (A,B) により A と B の最大公約数を表す. $(A,B)=1$ ならば A と B は互いに素である.

2] “整式 $f(x)$ に対して，$f\left(\dfrac{q}{p}\right)=0$ ならば $f(x)$ は $px-q$ を因数にもつ” という主張でである.

3] 3 変数の多項式 $f(x,y,z)$ が

$$f(x,y,z)=-f(y,x,z)=-f(x,z,y)=-f(z,y,x)$$

を満たすとき，**交代式**という.

例えば，$A=(x+1)(x-1)(3x^2+1)$ と $B=(x+1)^2(x-1)$ の最大公約数は $(x+1)(x-1)$ であり，最小公倍数は $(x+1)^2(x-1)(3x^2+1)$ である．

次に分数式と恒等式について述べる．

A が文字を含む整式で，B が整式であるとき，$\dfrac{B}{A}$ $(A \neq 0)$ で表される式を**分数式**という．A を分母，B を分子というのは数の場合と同様である．分数式の計算規則は，A, B が数の場合の計算規則と同様である．

与えられた等式の文字にどんな数値を代入してもその等式が成り立つとき，この等式のことを**恒等式**という．例えば，4 ページの乗法公式は恒等式である．さらに，次の x に関する等式

$$a_0x^n + a_1x^{n-1} + \cdots + a_{n-1}x + a_n = 0$$

が恒等式であるための必要十分条件は

$$a_0 = a_1 = \cdots = a_{n-1} = a_n = 0$$

が成り立つことである．

例題 1.6 次の式が x についての恒等式となるように，定数 a, b, c, d を定めよ：

$$x^3 = a(x-1)^3 + b(x-1)^2 + c(x-1) + d.$$

解 恒等式の右辺を展開すると，

$$\begin{aligned} x^3 &= a(x^3 - 3x^2 + 3x - 1) + b(x^2 - 2x + 1) + c(x-1) + d \\ &= ax^3 + (b-3a)x^2 + (3a-2b+c) - a + b - c + d \end{aligned}$$

となるので，両辺の係数を比較して

$$a = 1, \quad b - 3a = 3a - 2b + c = -a + b - c + d = 0$$

を得る．これを解いて，$a=1$, $b=3$, $c=3$, $d=1$ である． □

これは次のように一工夫をしても解ける．まずは，$y = x-1$ とおくと，$x = y+1$ であるから恒等式に代入して

$$(y+1)^3 = ay^3 + by^2 + cy + d$$

を得る．今度は左辺を展開して，両辺の係数を比較すれば求める答えを得る．この例題は，恒等式の格好の演習問題であるが，背景に重要な応用が隠されている．それについては第7章で触れることになる．

続いて，次章で扱う解と係数の関係と関連する問題である：

例題 1.7 $x^3+ax^2+bx+c=(x-\alpha)(x-\beta)(x-\gamma)$ が x についての恒等式であるとき，$\alpha^2+\beta^2+\gamma^2$ および $\alpha^3+\beta^3+\gamma^3$ を a, b, c を用いて表せ．

解 恒等式の右辺を展開して，両辺の係数を比較すると

$$\alpha+\beta+\gamma=-a, \quad \alpha\beta+\beta\gamma+\gamma\alpha=b, \quad \alpha\beta\gamma=-c$$

が成り立つので，

$$\alpha^2+\beta^2+\gamma^2=(\alpha+\beta+\gamma)^2-2(\alpha\beta+\beta\gamma+\gamma\alpha)=a^2-2b$$

を得る．さらに，乗法公式 (10) を適用して

$$\begin{aligned}\alpha^3+\beta^3+\gamma^3&=(\alpha+\beta+\gamma)(\alpha^2+\beta^2+\gamma^2-\alpha\beta-\beta\gamma-\gamma\alpha)+3\alpha\beta\gamma\\&=(-a)(a^2-2b-b)+3(-c)=-a^3+3ab-3c\end{aligned}$$

を得る． □

演習問題

FIRST STEP

問 1.1 次の 2 数の最大公約数を求めよ．

(1) 123, 456 (2) 408, 612 (3) 986, 1258

問 1.2 $f(x) = x^2 + px + q$ とする．$f(1+i) = 0$ を満たすとき，実数 p, q を求めよ．さらに，

$$x^3 + ax^2 + bx + 8 = (x+\alpha)f(x)$$

を満たす実数 α, a, b を求めよ．これは例題 1.2 の別解である．

問 1.3 紀元前 3 世紀にギリシャの数学者アルキメデスは，$\sqrt{3}$ に関する不等式

$$\frac{265}{153} < \sqrt{3} < \frac{1351}{780}$$

が成り立つことを発見して利用していた．この不等式が実際に成り立つことを (必要ならば電卓などを用いて) 確かめよ．

問 1.4 次の式の値を求めよ．

$$\frac{2}{1+\sqrt{3}} + \frac{2}{\sqrt{3}-\sqrt{5}} + \frac{2}{\sqrt{5}+\sqrt{7}} + \cdots + \frac{2}{\sqrt{119}+\sqrt{121}}$$

問 1.5 $x = \dfrac{\sqrt{3}-\sqrt{2}}{\sqrt{3}+\sqrt{2}}$, $y = \dfrac{\sqrt{3}+\sqrt{2}}{\sqrt{3}-\sqrt{2}}$ のとき，$x^2 + y^2$, $x^3 + y^3$ の値を求めよ．

問 1.6 x^n を $x^2 + x + 1$ で割った余りを $n = 3, 4, 5$ の場合にそれぞれ求めよ．

SECOND STEP

問 1.7　p と q が互いに素ならば，$p+q$ と pq も互いに素であることを示せ．

問 1.8　$(-1)\times(-1)=1$ が成り立つことを証明せよ．

問 1.9　$\dfrac{1}{\sqrt[3]{2}-1}$ の分母を有理化せよ．

問 1.10　$\alpha=\sqrt[3]{7+5\sqrt{2}}$, $\beta=\sqrt[3]{7-5\sqrt{2}}$ とする．立方根号をはずすことにより，$\alpha+\beta$ の値を求めよ．

問 1.11　$X=a+b+c$, $Y=a^2+b^2+c^2$, $Z=a^3+b^3+c^3$ とするとき，abc を X, Y, Z を用いて表せ．

THIRD STEP

問 1.12　自然数 N のすべての正の約数の和を $\sigma(N)$ で表す．もし，N が素数ならば $\sigma(N)=1+N$ が成り立つが，これは素数の定義である．そこで完全数を $\sigma(N)=2N$ を満たす自然数 N と定める．例えば，

$$\sigma(6)=1+2+3+6=2\cdot 6,\quad \sigma(28)=1+2+4+7+14+28=2\cdot 28$$

だから，6 や 28 は完全数になる．100 以下の完全数はこの二つに限ることがわかる．3 番目に小さい完全数は，$496=2^4\cdot 31$ である．実際，

$$\sigma(496)=(1+2+2^2+2^3+2^4)(1+31)=992=2\cdot 496$$

だからである．紀元前 3 世紀頃，ユークリッドは『原論』の中で，2^n-1 が素数ならば $K_n=2^{n-1}(2^n-1)$ は完全数であることを示した．さらに 18 世紀になってオイラーは，

“偶数の完全数はこの形に限る”

ことを証明した．だから偶数の完全数を見つけるには，$M_n = 2^n - 1$ の形の素数を見つければよい．M_n を**メルセンヌ数**という．$K_2 = 6$, $K_3 = 28$, $K_5 = 496$ である．ちなみに，$K_7 = 8128$ も完全数である．素数になるメルセンヌ数は，現在までのところせいぜい 47 個程度しか見つかっていないので，偶数の完全数が無限に存在するかどうかは未解決の難問である．

さて，$\sigma(N) = 2N - 1$ を満たす自然数 N を**概完全数**とよぶことにする．概完全数とは ‘ほとんど完全数’ の意味である．そこで問題：偶数の概完全数は無限に存在することを示せ．

COLUMN

① 大学入試制度の功罪

本書を手にしている若い読者は，「数学」を単なる大学入試の 1 科目に過ぎないと捉えているもしれない．たしかにそれは小学校から高校で学んだ算数・数学という教科の一つの側面ではあるが，それがすべてではない．大学における「数学」は学問である．学問というのは，腰を据えて学ばないと得られるものはほとんどない．

大学入試は，前年の 11 月頃 (推薦入試) から始まり，入学式を直前に控えた 3 月の ‘後期入試’ までの 5 か月間に及ぶ．入学後，この 5 か月の差が顕著に現れる．推薦入試で合格が決まり，その後入学まで遊んで暮らすと大変な事態が待っている．一方，3 月の入試まで必死に勉強していた受験生は例外なく入学後の学びに支障は現れない．しかしゴールデンウィークが明けて欠席がちになるのが，きまって推薦入試組なのである．どうやら学問と受験教科の狭間で行き場を見失ってしまうためのようだ．

しばしば講義の中で，新入生に基本的な大学入試問題を演習させることがある．すると驚く無かれ 3 割ほどの学生は，高校数学をすっかり忘れて太刀打ちできない有様である．これこそが大学入試という制度が本来的に抱える功罪なのだといえる．18〜22 歳という年齢は，脳の活動が最も活発な時期である．この大事な時期に 5 か月も休みを与えると取り返しのつかない事態となるのは当たり前だ．

スポーツを例に考えていただきたい．18 歳の高校野球児が大学に合格したからといって，5 か月練習を休んだとしよう．たとえ甲子園を沸かした優秀な選手といえど，5 か月のブランクは致命的で 4 月には選手としては使い物にならなくなるのは必定である．だから毎日の練習を欠かさないのである．実は，「数学」もまったく同じである．1 週間も数学から離れてしまえば，脳の数学的思考を司(つかさど)る部位が衰え，元へ戻すにはおそらく 2 倍の時間が必要となる．この時期は，脳を鍛えれば鍛えるほど最も活性化され，残りの人生に大きな蓄えとなる．

第2章
方程式と不等式

本章では方程式と不等式について述べる．これらも高校数学の復習である．整式を因数分解せよという問題において解を出してしまう方はいないだろうか．ここでは方程式と前章で述べた恒等式とを区別して読み進めていただきたい．

2.1 方程式の解法

例題 2.1 2 次方程式 $ax^2 + bx + c = 0$ $(a > 0)$ の解の公式を求めよ．

解 両辺を a で割って，平方完成すればよい：

$$
\begin{aligned}
x^2 + \frac{b}{a}x + \frac{c}{a} &= 0 \\
x^2 + \frac{b}{a}x + \frac{b^2}{4a^2} &= \frac{b^2}{4a^2} - \frac{c}{a} \\
\left(x + \frac{b}{2a}\right)^2 &= \frac{b^2 - 4ac}{4a^2} \\
x + \frac{b}{2a} &= \pm\frac{\sqrt{b^2 - 4ac}}{2a} \\
x &= \frac{-b \pm \sqrt{b^2 - 4ac}}{2a}.
\end{aligned}
$$

□

式の中の未知数に，ある特定の数を代入したときだけ成り立つ等式を**方程式**という．未知数の最高次数が n 次である方程式を $\boldsymbol{n}$ **次方程式**といい，未知数が m

個の方程式を **m 元方程式**という．方程式を成り立たせる未知数の値をその方程式の**解** (または**根**) といい，解を求めることを**方程式を解く**という．

さて，整式 $f(x)$ が

$$\begin{aligned} f(x) &= a_n x^n + a_{n-1}x^{n-1} + \cdots + a_1 x + a_0 \\ &= a_n(x-\alpha_1)\cdots(x-\alpha_n) \end{aligned}$$

と因数分解できるとき，上で述べたように $\alpha_1, \cdots, \alpha_n$ を多項式 $f(x)$ または方程式 $f(x)=0$ の**根**という．一方，読者は高校では**解**と習ったはずである．この違いは，例えば，$f(x)=(x-1)^3$ のとき，方程式 $f(x)=0$ の解は 1 だけだが，根は 1, 1, 1 である．このように本来，根には解の重複度の情報も含まれている[1]．

次に 2 次方程式の解と判別式を紹介する．

実数を係数とする 2 次方程式

$$ax^2 + bx + c = 0 \qquad (a \neq 0) \tag{$*$}$$

において，解の公式における根号の中身

$$D = b^2 - 4ac$$

を**判別式**という．

$(*)$ の解を α, β とすると，後に述べる解と係数の関係から

$$a^2(\alpha-\beta)^2 = a^2(\alpha+\beta)^2 - 4a^2\alpha\beta = b^2 - 4ac = D$$

が成り立つので：

- $D > 0$ のとき，異なる二つの実数解をもつ．
- $D = 0$ のとき，重解をもつ．
- $D < 0$ のとき，異なる二つの虚数解をもつ．

したがって，$(*)$ が実数解をもつための必要十分条件は $D \geqq 0$ が成り立つことである．

1] しかし，本書は厳密さを要求する「数学者養成の書」ではないため，あえて‘解’と用いて，特に誤解を生まない限り，以後‘根’の意味でも用いる．

次に剰余定理・因数定理と高次方程式について議論する．

整式 $f(x)$ を1次式 $ax+b$ で割ったとき，商が $g(x)$，余りが r ならば

$$f(x) = (ax+b)g(x) + r \qquad (a \neq 0)$$

なので，この恒等式に $x = -\dfrac{b}{a}$ を代入して，余り $r = f\left(-\dfrac{b}{a}\right)$ が得られる．これを**剰余定理**（じょうよ）という．剰余定理より，$f\left(-\dfrac{b}{a}\right) = 0$ ならば，整式 $f(x)$ は $ax+b$ で割り切れることがわかる．これを**因数定理**という．

$n \geqq 3$ のとき，n 次方程式

$$a_0x^n + a_1x^{n-1} + \cdots + a_{n-1}x + a_n = 0 \tag{2.1}$$

の左辺の整式が1次式または2次式の積に因数分解されれば，方程式の解を求めることは，因数分解された1次方程式または2次方程式の解を求めることに帰着される．特に，因数となる1次式を求める際には因数定理が有効である．

例題 2.2 x^n を x^2+x+1 で割った余りを剰余定理を用いて求めよ．

解 2次方程式 $x^2+x+1=0$ の一つの解を ω とする．このとき，$\omega^3 = 1$, $\omega^2+\omega+1=0$ が成り立つことに注意する．

$$x^n = (x^2+x+1)Q(x) + ax + b \tag{2.2}$$

とおく．$n = 3k$ のとき，(2.2) に $x = \omega$ を代入すると，$\omega^n = \omega^{3k} = (\omega^3)^k = 1$ なので，$1 = a\omega + b$ を得る．a, b は実数なので，$a = 0$, $b = 1$ となり，余り1を得る．

$n = 3k+1$ のとき，(2.2) に $x = \omega$ を代入すると，$\omega^n = \omega^{3k+1} = (\omega^3)^k\omega = \omega$ なので，$\omega = a\omega + b$ を得る．a, b は実数なので，$a = 1$, $b = 0$ となり，余り x を得る．

$n = 3k+2$ のとき，(2.2) に $x = \omega$ を代入すると，$\omega^n = \omega^{3k+2} = (\omega^3)^k\omega^2 = -\omega-1$ なので，$-\omega-1 = a\omega+b$ を得る．a, b は実数なので，$a = -1$, $b = -1$ となり，余り $-x-1$ を得る．これは，問1.5の別解でもある． □

次のような $2n$ 次方程式

$$a_0x^{2n} + a_1x^{2n-2} + \cdots + a_{n-1}x^2 + a_n = 0 \tag{2.3}$$

を**複2次方程式**という．複2次方程式は，(2.3) において $X = x^2$ とおくことにより，次数が半分の n 次方程式 (2.1) の解を求めることに帰着される．

式 (2.1) の係数において，$a_i = a_{n-i}$ が任意の i に対して成り立つとき，左辺を**相反多項式**といい，この方程式を**相反方程式**という．相反方程式は，n が偶数，すなわち $n = 2m$ のとき，両辺を x^m で割って，$t = x + \dfrac{1}{x}$ とおいて，t の m 次方程式を解くことに帰着される．また，n が奇数のとき $x = -1$ は相反方程式の解であるため，左辺は $(x+1)$ と偶数次の相反多項式の積に因数分解され，偶数次の場合の解法に帰着される．

例題 2.3 次の相反方程式を解け：

(1) $x^3 + 2x^2 + 2x + 1 = 0$

(2) $x^4 + 3x^3 + 2x^2 + 3x + 1 = 0$

解 (1) 左辺を因数分解して，$(x+1)(x^2+x+1) = 0$ となるので，解が $x = -1$, $x = \dfrac{-1 \pm \sqrt{3}i}{2}$ と求まる．

(2) 両辺を x^2 で割ると，$x^2 + 3x + 2 + \dfrac{3}{x} + \dfrac{1}{x^2} = 0$ となるので，$t = x + \dfrac{1}{x}$ とおくと，$t^2 - 2 = x^2 + \dfrac{1}{x^2}$ なので，方程式は $t^2 + 3t = 0$ となり，$t = 0, -3$ を得る．あとは二つの2次方程式 $x + \dfrac{1}{x} = 0$, $x + \dfrac{1}{x} = -3$ を解いて，四つの解 $x = \pm i$, $\dfrac{-3 \pm \sqrt{5}}{2}$ を得る． □

2.2 いろいろな不等式

本節では不等式の基本的な性質と，よく用いられる不等式を紹介する．

不等式の同値変形

(1) $A > B \iff A - B > 0 \iff A + C > B + C$

(2)　$C>0$ ならば，$A>B \iff AC>BC$

　　$C<0$ ならば，$A>B \iff AC<BC$

不等式の基本性質

(1)　$A>B,\ B>C \implies A>C$

(2)　$A>B,\ C>D \implies A+C>B+D$

(3)　$A>B>0,\ C>D>0 \implies AC>BD$

(4)　$A>B\geqq 0 \implies A^2>B^2$;

　　$0\geqq A>B \implies A^2<B^2$

例題 2.4　$a>0,\ b>0$ のとき，次の不等式を証明せよ：

$$\sqrt{\frac{a^2+b^2}{2}} \geqq \frac{a+b}{2} \geqq \sqrt{ab} \geqq \frac{2ab}{a+b}.$$

ただし，等号は $a=b$ のとき，かつそのときに限って成り立つ．

解　$a+b-2\sqrt{ab}=(\sqrt{a}-\sqrt{b})^2\geqq 0$ より，**相加・相乗平均の不等式**

$$\frac{a+b}{2}\geqq\sqrt{ab}$$

が成り立つ[2]．この両辺に $\dfrac{2\sqrt{ab}}{a+b}$ を掛けて

$$\sqrt{ab}\geqq\frac{2ab}{a+b}$$

を得る．さらに，$2(a^2+b^2)-(a+b)^2=(a-b)^2\geqq 0$ より，

$$\sqrt{\frac{a^2+b^2}{2}}\geqq\frac{a+b}{2}$$

が成り立つ．□

さて，p. 4 の乗法公式 (10) を用いて

$$a^3+b^3+c^3-3abc=(a+b+c)(a^2+b^2+c^2-ab-bc-ca)$$

2] 等号は $a=b$ のとき，かつそのときに限って成り立つ．以下の不等式も同様．

$$= \frac{1}{2}(a+b+c)\{(a-b)^2+(b-c)^2+(c-a)^2\}$$

より，a, b, $c > 0$ ならば $a^3+b^3+c^3 \geqq 3abc$ を得る．等号は $a=b=c$ の場合に限って成り立つ．そこで，$x=a^3$, $y=b^3$, $z=c^3$ とおくと

$$\frac{x+y+z}{3} \geqq \sqrt[3]{xyz}$$

を得る．一般に，x_1, $x_2, \cdots, x_n > 0$ とするとき

$$\frac{x_1+\cdots+x_n}{n} \geqq \sqrt[n]{x_1\cdots x_n}$$

が成り立つ．これを**一般化された相加・相乗平均の不等式**という．

次は，有名な**コーシー–シュワルツの不等式**である：

$$(a_1b_1+\cdots+a_nb_n)^2 \leqq (a_1^2+\cdots+a_n^2)(b_1^2+\cdots+b_n^2)$$

等号は二つのベクトル $(a_1, \cdots, a_n)$ と $(b_1, \cdots, b_n)$ が平行なときに限って成り立つ．これも有用な不等式で，これを用いて次の**三角不等式**

$$|\boldsymbol{x}-\boldsymbol{z}| \leqq |\boldsymbol{x}-\boldsymbol{y}|+|\boldsymbol{y}-\boldsymbol{z}|$$

を示すことができる．ここで，$\boldsymbol{a}=(a_1, \cdots, a_n)$, $\boldsymbol{b}=(b_1, \cdots, b_n)$ に対して，

$$|\boldsymbol{a}-\boldsymbol{b}| = \sqrt{(a_1-b_1)^2+\cdots+(a_n-b_n)^2}$$

である．

例題 2.5 $A = \left(a+\dfrac{1}{b}\right)\left(b+\dfrac{4}{a}\right)$ の最小値を求めよ．ただし，$a>0$, $b>0$ とする．

解 右辺を展開すると，$A = ab + \dfrac{4}{ab} + 5$ なので，相加・相乗平均の不等式が使えて

$$ab+\frac{4}{ab}+5 \geqq 2\sqrt{ab\cdot\frac{4}{ab}}+5 = 9$$

となり，最小値 9 を得る．等号が成り立つのは $ab=2$ のときであり，このとき A の最小値を与える． □

2.3 解と係数の関係

2 次方程式 $ax^2+bx+c=0$ の解を α, β とするとき，左辺は

$$ax^2+bx+c=a(x-\alpha)(x-\beta)$$

と因数分解でき，この恒等式より

$$\alpha+\beta=-\frac{b}{a}, \quad \alpha\beta=\frac{c}{a}$$

が成り立つ．これを**2 次方程式の解と係数の関係**[3]という．

次に，3 次方程式 $ax^3+bx^2+cx+d=0$ の解を α, β, γ とするとき，左辺は

$$ax^3+bx^2+cx+d=a(x-\alpha)(x-\beta)(x-\gamma)$$

と因数分解できて，この恒等式より

$$\alpha+\beta+\gamma=-\frac{b}{a}, \quad \alpha\beta+\beta\gamma+\gamma\alpha=\frac{c}{a}, \quad \alpha\beta\gamma=-\frac{d}{a}$$

が成り立つ．これを**3 次方程式の解と係数の関係**という．

さらに，4 次方程式 $ax^4+bx^3+cx^2+dx+e=0$ の解を α, β, γ, δ とするとき，左辺は

$$ax^4+bx^3+cx^2+dx+e=a(x-\alpha)(x-\beta)(x-\gamma)(x-\delta)$$

と因数分解でき，この恒等式より

$$\alpha+\beta+\gamma+\delta=-\frac{b}{a}, \quad \alpha\beta+\beta\gamma+\gamma\delta+\delta\alpha+\alpha\gamma+\beta\delta=\frac{c}{a},$$
$$\alpha\beta\gamma+\beta\gamma\delta+\gamma\delta\alpha+\delta\alpha\beta=-\frac{d}{a}, \quad \alpha\beta\gamma\delta=\frac{e}{a}$$

が成り立つ．これを**4 次方程式の解と係数の関係**という．

例題 2.6 $\omega=\dfrac{-1+\sqrt{3}i}{2}$ とする．p, q を実数とし，$\alpha=-p\omega-q\omega^2$, $\beta=-p\omega^2-q\omega$ とするとき，

$$\alpha+\beta=p+q, \quad \alpha\beta=p^2+q^2-pq$$

が成り立つことを示せ．また，このことを利用し，3 次方程式 $x^3-3pqx+p^3+q^3=0$ の解は，$-p-q$, α, β であることを示せ．

3] 厳密には‘根と係数の関係’とよぶべきだが，ここでも高校数学の慣習を踏襲する．

解 $\omega^3=1,\ \omega^2+\omega+1=0$ を用いると，

$$\begin{aligned}\alpha+\beta&=-p(\omega+\omega^2)-q(\omega+\omega^2)\\&=-p\cdot(-1)-q\cdot(-1)=p+q\end{aligned}$$

を得る．また，

$$\begin{aligned}\alpha\beta&=(-p\omega-q\omega^2)(-p\omega^2-q\omega)\\&=p^2+q^2+pq(\omega^4+\omega^2)\\&=p^2+q^2-pq\end{aligned}$$

を得る．そこでまず乗法公式 (10) を用いて，上の結果を適用すると

$$\begin{aligned}x^3-3pqx+p^3+q^3&=(x+p+q)(x^2-px-qx+p^2+q^2-pq)\\&=(x+p+q)\left\{x^2-(\alpha+\beta)x+\alpha\beta\right\}\\&=(x+p+q)(x-\alpha)(x-\beta)\end{aligned}$$

なので，求める結論が得られる． □

3 次方程式 $ax^3+bx^2+cx+d=0\ (a>0)$ の両辺を a で割ると，$x^3+\dfrac{b}{a}x^2+\dfrac{c}{a}x+\dfrac{d}{a}=0$ となる．そこで，$y=x+\dfrac{b}{3a}$ とおくと，$y^3+sy+t=0$ の形となる．ここで，$s,\ t$ は $a,\ b,\ c,\ d$ から決まる数である．$s=-3pq,\ t=p^3+q^3$ とおく．$p^3q^3=-\dfrac{s^3}{27}$ より，p^3 と q^3 は 2 次方程式 $z^2-tz-\dfrac{s^3}{27}=0$ の解である．2 次方程式の解の公式から

$$p=\sqrt[3]{\frac{t}{2}+\sqrt{\frac{t^2}{4}+\frac{s^3}{27}}},\qquad q=\sqrt[3]{\frac{t}{2}-\sqrt{\frac{t^2}{4}+\frac{s^3}{27}}}$$

が得られる．よって，例題 2.6 より，3 次方程式 $y^3+sy+t=0$ の解は，$-p-q,\ -p\omega-q\omega^2,\ -p\omega^2-q\omega$ である．これは**3 次方程式の解の公式**にほかならない．

2.4 合同式

n を自然数とする．整数 $a,\ b$ に対して，$a-b$ が n の倍数であるとき，

$$a\equiv b \pmod n$$

と書いて，a **は** n **を法として，** b **と合同**であるという．このような式のことを**合同式**という．つまり，整数全体の数の集合を n で割ったときの余りによって類別して，余りが等しい数どうしを合同とよぶ．

例えば，6 と 10 は 4 で割るとどちらも余りは 2 なので，$6 \equiv 10 \pmod 4$ と書く．

また，合同式 $x^2 \equiv -1 \pmod 5$ を解くと，$0^2 = 0$，$1^2 = 1$ であり，

$$2^2 = 4 \equiv -1 \pmod 5, \qquad 3^2 = 9 \equiv -1 \pmod 5,$$
$$4^2 = 16 \equiv 1 \pmod 5$$

なので，$x \equiv 2$ または $3 \pmod 5$ が解である．

次にフェルマーの小定理とオイラーの拡張定理を紹介する．

p を素数とし，$(a,p) = 1$ を満たす自然数 a に対して，

$$a^{p-1} \equiv 1 \pmod p \tag{2.4}$$

が成り立つ．この合同式を**フェルマーの小定理**という．

オイラーは，この合同式を次のように拡張した．自然数 m に対して，$0, 1, 2, \cdots, m-1$ の中で，m と互いに素になるものの個数を $\varphi(m)$ で表す．そのような数の集合を**既約剰余系**といい，その個数 $\varphi(m)$ を**オイラーの関数**という．$(a,m) = 1$ のとき

$$a^{\varphi(m)} \equiv 1 \pmod m \tag{2.5}$$

が成り立つ．これを**オイラーの拡張定理**という．m が素数ならば，$\varphi(m) = m-1$ だから，(2.5) から (2.4) がしたがう．

例題 2.7　5 以上の素数 x, y, z に対して，$x^2 + y^2 + z^2$ は素数になり得ないことを示せ．

解　a を 5 以上の素数とし $p = 3$ とすると，$(a,p) = 1$ なので，(2.4) より，$a^2 \equiv 1 \pmod 3$ となる．このとき，$x^2 + y^2 + z^2 \equiv 1 + 1 + 1 \equiv 0 \pmod 3$ を得るため，$x^2 + y^2 + z^2$ は素数になり得ないことがわかる．□

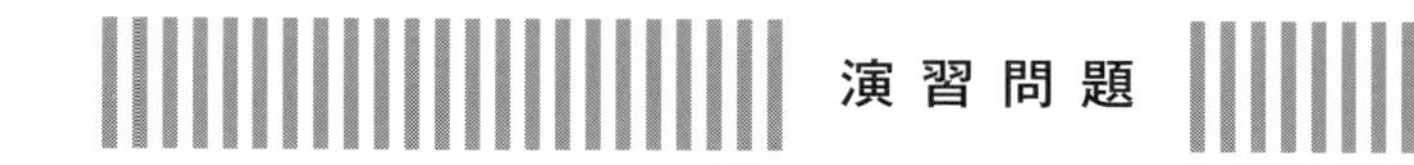

演習問題

FIRST STEP

問 2.1 次の方程式を解け.

(1) $x^2 - 7x + 10 = 0$

(2) $x^2 + 4x - |x + 2| = 8$

(3) $x^4 - 10x^2 + 9 = 0$

(4) $(x-1)(x+1)(x+3)(x+5) - 9 = 0$

問 2.2 $a > 0,\ b > 0,\ c > 0$ のとき，次の不等式を証明せよ：

$$(a+b)(b+c)(c+a) \geqq 8abc.$$

問 2.3 正の実数 $a,\ b,\ c$ が $a+b+c=1$ を満たすとする.

(1) abc の最大値を求めよ. (2) $a^2+b^2+c^2$ の最小値を求めよ.

問 2.4 次の合同式を解け.

(1) $x^2 \equiv -1 \pmod 5$ (2) $x^2 + 2x + 8 \equiv 0 \pmod 7$

問 2.5 p が 3 より大きい素数であるとき，$p^2 \equiv 1 \pmod{24}$ が成り立つことを示せ.

SECOND STEP

問 2.6 4 次方程式 $x^4 - 10x^2 + 1 = 0$ を解け.

問 2.7 5 次方程式 $x^5 = 1$ の五つの解をすべて求めよ.

問 2.8 a, b を実数とする．次の 4 次方程式 (相反方程式)

$$x^4 + ax^3 + bx^2 + ax + 1 = 0$$

が実数解をもつとき，$a^2 + b^2$ の最小値を求めよ．

問 2.9 $x = \sqrt[3]{2+11i} + \sqrt[3]{2-11i}$ が実数であるか否かを方程式 $x^3 = 15x + 4$ が成り立つことを確かめることにより判定せよ．

問 2.10 次の二つのことを示せ．

(1) $n \equiv 3 \pmod 4$ のとき，方程式 $x^2 + y^2 = n$ は整数解 x, y をもたない．

(2) $n \equiv 7 \pmod 8$ のとき，方程式 $x^2 + y^2 + z^2 = n$ は整数解 x, y, z をもたない．

THIRD STEP

問 2.11 近似値 $\sqrt{2} \fallingdotseq 1.41$, $\sqrt{3} \fallingdotseq 1.73$ より，$\sqrt{2} + \sqrt{3} \fallingdotseq 3.14$ が得られる．平方根を習ったばかりの頃，これに気づいてもしや

$$\sqrt{2} + \sqrt{3} = \pi \tag{2.6}$$

が成り立つのでは？ と勘違いした記憶があるかもしれない．近似値の有効数字を小数第 3 位まで精密にすれば，$\sqrt{2} + \sqrt{3} \fallingdotseq 3.146 \neq \pi$ となって，(2.6) が成り立たないことは明らかだ．

さて，等式 (2.6) が成り立つと仮定しよう．両辺を 2 乗すると，$\pi^2 = 5 + 2\sqrt{6}$ を得るので，5 を移項して，$\pi^2 - 5 = 2\sqrt{6}$ の両辺を再び 2 乗すると，等式 $\pi^4 - 10\pi^2 + 1 = 0$ が得られる．これは，π が 4 次方程式 (複 2 次方程式) $x^4 - 10x^2 + 1 = 0$ の解であることを示している．しかし，これは誤りである．実際，π は有理数を係数とするどんな n 次方程式の解にもならないことが示せるが，そのような数を**超越数**という．π が超越数であることの証明は，本書のレベルを超える内容なので，興味のある読者は

『無理数と超越数』塩川宇賢著 (森北出版)

をご覧いただきたい.

ところで，上の計算はよく見ると，$\sqrt{2}+\sqrt{3}$ が 4 次方程式 $x^4 - 10x^2 + 1 = 0$ の解である (問 2.6 も参照) ことを示している．そこで問題．$\sqrt{2}+\sqrt{3}$ が有理数を係数とする 3 次以下の方程式の解にならないことを示せ.

COLUMN ② $(-1) \times (-1) =?$

中学 1 年の「正と負の数」という単元で最初に習う重要な等式が

$$(-1) \times (-1) = 1 \tag{2.7}$$

です．マイナスを 2 回掛けるとプラスになる，というお仕着せの説明に納得がいかなかったという経験をお持ちの読者もいることでしょう．そこで，等式 (2.7) の背後にある ‘数学的構造’ について掘り下げてみましょう．

等式の証明は次のようにして得られます．まずは，$(-1) \times (-1) = x$ とおきます．この x の値を求めたいのです．掛け算の定義から，$(-1) \times 1 = -1$ は明らかです．この二式の両辺を加えると，$(-1) \times (-1) + (-1) \times 1 = x - 1$ となります．左辺において，分配法則の成立を認めると

$$(-1) \times (-1) + (-1) \times 1 = (-1) \times \{(-1) + 1\} = (-1) \times 0 = 0$$

を得ます．したがって，右辺も 0 なので，$x - 1 = 0$ より，$x = 1$ を得ます．これで等式 (2.7) が証明されました．

さて，この議論で，本質的なのが分配法則が成り立つことです．大学の数学では，集合 R が

- 足し算に関して，R は群 (第 10 章を参照) である
- 掛け算は結合法則を満たす：$a(bc) = (ab)c$
- 分配法則が成り立つ：$a(b + c) = ab + bc$, $(a + b)c = ac + bc$

の三つの条件を満たすとき，R を環 (ring) とよびます．この三つ目の分配法則が環 R においてきわめて重要な性質なのです．ですから，等式 (2.7) が成り立つのは，整数の集合が環になるという事実の重要な帰結であると考えることも可能です．しかし，これは中学 1 年生に説明できる内容ではないので，中学の先生は温度計を使ったり，借金の喩えを用いたり，などして等式 (2.7) の直感的な理解を促すのです．

このように数学では，何か好ましい条件を満たす体系を定めて，数学の議論を進めて範囲を拡大していく，あるいは作り上げていく学問なのです．

第3章

関数とグラフ

高校数学では，関数を $y = f(x)$ と書く．関数を考えるとき，変数 x がとりうる数の範囲がどう定まっているかが本来重要であり，対応の規則 f のとり方によって，$f(x)$ のとりうる数の範囲が決まる．このような背景を厳密に記述するために，関数の概念を次のようにより厳密に定める．

X, Y を実数の集合とするとき，X の各々の元 x に Y の元 y が一つずつ定まる対応の規則 f が与えられているとき，この規則 f を X から Y への**関数**といい，

$$f : X \to Y$$

と書く．X をこの関数 f の**定義域**といい，

$$f(X) = \{y;\ y = f(x),\ x \in X\}$$

を関数 f の**値域**という．

例えば，反比例を表す関数 $y = \dfrac{1}{x}$ の定義域は $x = 0$ 以外のすべての実数であり，値域も $y = 0$ 以外のすべての実数である．さらに，関数 $y = \sqrt{1 - x^2}$ は根号の中が負でないため，定義域は $-1 \leqq x \leqq 1$ で，値域は $0 \leqq y \leqq 1$ となる (次ページの図 3.1 参照)．このように，与えられた関数によって，定義域や値域は実数のある部分集合に制限される．

3.1　2 次関数

2 次関数 $y = ax^2 + bx + c$ のグラフは

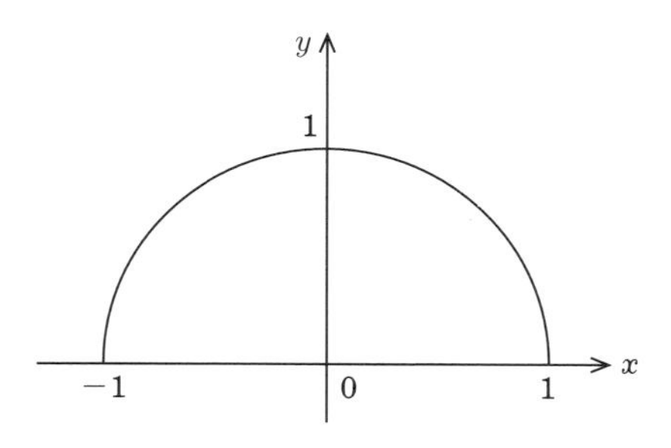

図 3.1　$y = \sqrt{1-x^2}$

$$y = a\left(x + \frac{b}{2a}\right)^2 - \frac{b^2-4ac}{4a}$$

と変形することにより，**頂点** $\left(-\frac{b}{2a}, -\frac{b^2-4ac}{4a}\right)$，**軸**の方程式 $x = -\frac{b}{2a}$ で，$a > 0$ ならば下に凸，$a < 0$ ならば上に凸であることがわかる (図 3.2).

逆に，y 軸に平行な軸をもつ放物線の頂点が (p, q) ならば，放物線の方程式は，

$$y = a(x-p)^2 + q$$

で与えられる．このとき，$a > 0$ ならば $x = p$ で最小値 q，最大値は存在せず，$a < 0$ ならば $x = p$ で最大値 q，最小値は存在しない．

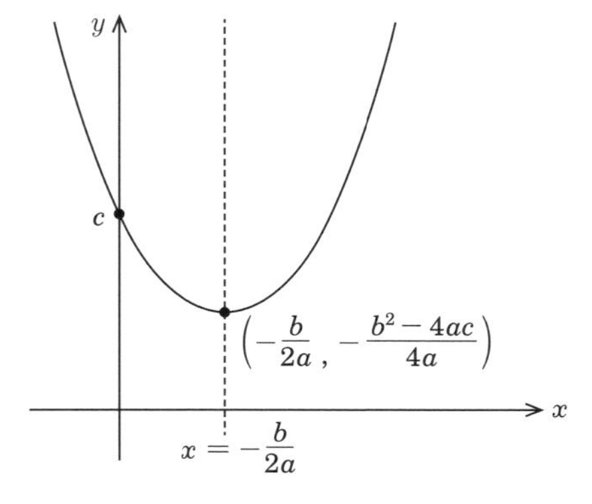

図 3.2　$y = ax^2 + bx + c$

例題 3.1　軸の方程式が $x = 1$ で，2 点 $(3, 0)$ と $(0, 3)$ を通る放物線の方程式を求めよ．

解 $y = a(x-1)^2 + q$ とおいて，$(3,0)$ と $(0,3)$ を通ることから，連立方程式 $4a+q=0$，$a+q=3$ が得られる．これを解いて，$a=-1$，$q=4$ を得るので，$y=-x^2+2x+3$ が求める方程式である． □

2 次方程式 $ax^2+bx+c=0$ の実数解を α，β，判別式を $D=b^2-4ac$ とする．このとき，2 次不等式の解は判別式 D によって，次のように分類される：

$a>0,\ \alpha<\beta$	$D>0$	$D=0$	$D<0$
$ax^2+bx+c>0$ の解	$x<\alpha,\ x>\beta$	$-\dfrac{b}{2a}$ 以外のすべての実数	すべての実数
$ax^2+bx+c<0$ の解	$\alpha<x<\beta$	ない	ない

例えば，不等式 $kx^2+4x+k+3>0$ がすべての実数 x について成り立つような k の値の範囲を求めよう．$k>0$ のとき $\dfrac{D}{4}=2^2-k(k+3)<0$ を解くと $k>1$ を得る．$k \leqq 0$ では不等式を満たさない x が必ず存在するので，以上から，$k>1$ が求める範囲になる．

3.2 いろいろな関数

本節では，いろいろな関数の定義とその性質を簡単にまとめる．なお，三角関数については解説すべき内容が多いので，次章でまとめて取り上げることにする．

$P(x)$，$Q(x)$ が関数で，$Q(x)$ が定数関数でないとき，

$$y = \frac{P(x)}{Q(x)}$$

を**分数関数**という．その中でもっとも簡単な場合が，

$$y = \frac{ax+b}{cx+d} \qquad (ad-bc \neq 0)$$

である．この場合は，割り算をして商 q と余り r を求めることにより，

$$y = \frac{q}{x-p} + r$$

と表すことができる．このとき，$x = p$, $y = r$ は**漸近線**である．

例題 3.2 分数関数 $y = \dfrac{2x^2 - 3x + 3}{x-1}$ の値域を求めよ．

解 両辺に $x-1$ を掛けて x について整理すると，$2x^2 - (y+3)x + y + 3 = 0$ を得る．x は実数であることより，判別式 $D = (y+3)^2 - 8(y+3) = (y-5)(y+3) \geqq 0$ を解き，$y \geqq 5$, $y \leqq -3$ を得る． □

次に無理関数を紹介するが，その前に累乗根の計算を復習しておこう．m, n は正の整数，$a > 0$, $b > 0$ とすると，累乗根についての計算は，次の五つの計算規則に基づいて行われる：

$$\sqrt[n]{a}\,\sqrt[n]{b} = \sqrt[n]{ab}, \qquad \frac{\sqrt[n]{b}}{\sqrt[n]{a}} = \sqrt[n]{\frac{b}{a}}, \qquad (\sqrt[n]{a})^n = a,$$
$$(\sqrt[n]{a})^m = \sqrt[n]{a^m}, \qquad \sqrt[m]{\sqrt[n]{a}} = \sqrt[n]{\sqrt[m]{a}} = \sqrt[mn]{a}$$

例えば，

$$\sqrt[3]{\frac{27}{64}} = \sqrt[3]{\frac{3^3}{4^3}} = \frac{3}{4} 81^{\frac{1}{4}} = (3^4)^{\frac{1}{4}} = 3,$$
$$\sqrt{\sqrt{16^{-1}}} = (16^{-1})^{\frac{1}{4}} = (2^{-4})^{\frac{1}{4}} = \frac{1}{2}$$

となる．

では無理関数を紹介しよう．$P(x)$ が関数で，$\sqrt[n]{P(x)}$ の根号がはずせないとき，

$$y = \sqrt[n]{P(x)}$$

を**無理関数**という．n が偶数のとき $P(x) \geqq 0$ でなければならないので，一般に，定義域がすべての実数になるとは限らないことに注意する必要がある．もっとも簡単な場合が

$$y = \sqrt{ax+b}$$

である．頂点は $\left(-\dfrac{b}{a}, 0\right)$ であり，放物線 $y^2 = ax+b$ の $y \geqq 0$ の部分がグラフになる．

例題 3.3 無理関数 $y = \sqrt{1-x^2}$ と直線 $y = x+a$ が交点をもつような a の範囲を求めよ．

解 方程式 $x + a = \sqrt{1-x^2}$ の両辺を2乗して整理すると，

$$2x^2 + 2ax + a^2 - 1 = 0$$

となる．交点をもつための必要十分条件は，上式が $-1 \leqq x \leqq 1$ の範囲で実数解をもつことである． $f(x) = 2x^2 + 2ax + a^2 - 1$ とおくと，2次関数の軸の方程式は $x = -\dfrac{a}{2}$ なので，この条件は「$-1 \leqq -\dfrac{a}{2} \leqq 1$ かつ判別式 $\dfrac{D}{4} = a^2 - 2(a^2-1) \geqq 0$」または「$f(-1)f(1) \leqq 0$」である．よって，求める範囲は $-1 \leqq a \leqq \sqrt{2}$ となる． □

最後に，指数関数と対数関数を紹介しよう．

$$y = a^x \qquad (a > 0,\ a \neq 1)$$

を a を**底**とする**指数関数**という．定義域はすべての実数であるが，値域は $y > 0$ である．指数関数は，$a > 1$ のとき単調増加関数で，$0 < a < 1$ のとき単調減少関数になる．

指数関数 $y = a^x$ $(a > 0,\ a \neq 1)$ の逆関数 (§ 3.3 参照) を

$$y = \log_a x$$

と書き，a を底とする x の**対数関数**という．$x = a^y$ と書けるので，定義域は $x > 0$ で，値域はすべての実数となる．指数関数と同様に，対数関数は，$a > 1$ のとき単調増加関数で，$0 < a < 1$ のとき単調減少関数になる．

ここで，対数の定義と基本性質もまとめておこう．

$a^m = M$ $(a > 0,\ a \neq 1)$ のとき，指数 m を a を**底**とする M の**対数**といい，

$$m = \log_a M$$

と書く．M を対数 m の**真数**という．$a > 0$ より，$M > 0$ である (**真数条件**)．底 $a = 10$ のとき，対数 m を**常用対数**という．底 $a = e$ のとき，対数 m を**自然対数**という．

$a,\ b,\ c$ を 1 でない正数，$M > 0,\ N > 0$ とすると，以下の性質が成り立つ：

(1) $\log_a 1 = 0$

(2) $\log_a a = 1$

(3) $\log_a MN = \log_a M + \log_a N$

(4) $\log_a \dfrac{M}{N} = \log_a M - \log_a N$

(5) $\log_a M^p = p \log_a M$

(6) $\log_a \dfrac{1}{M} = -\log_a M$

(7) $\log_a b = \dfrac{\log_c b}{\log_c a}$

(8) $a^{\log_a M} = M$

上記の (7) を**底の変換公式**という．

3.3 逆関数と合成関数

ここでは，関数の性質を調べるうえで重要となる逆関数と合成関数の定義と基本的な性質について説明する．

関数 $y = f(x)$ を x に関する方程式と考えて，x について解いてただ一つの解 $x = g(y)$ が得られたとき，この x と y を入れ替えて，$y = g(x)$ を $f(x)$ の**逆関数**といい，

$$y = f^{-1}(x)$$

と表す．

関数 $y = f(x)$ のグラフと逆関数 $y = f^{-1}(x)$ のグラフは，直線 $y = x$ に関して対称である．関数とその逆関数では，定義域と値域が入れ替わる．

f を定義域の集合を X，値域の集合を Y とする関数，g を定義域の集合を Y，値域の集合を Z とする関数とする．このとき，f により X の元 x に対して Y の

元 $y=f(x)$ が定まり，次に，この y に対して，関数 g により Z の元 $z=g(y)$ が定まるので，

$$z=g(y)=g(f(x))$$

となる．このようにして得られる関数 $z=g(f(x))$ を f と g の**合成関数**といい，

$$z=g\circ f(x)$$

と書く．一般に，

$$(g\circ f)^{-1}=f^{-1}\circ g^{-1}$$

が成り立つ．

例題 3.4 二つの関数 $f(x)=x^2+4\ (x\geqq 0)$ と $g(x)=2x+3$ に対して，$f^{-1}(x)$，$g^{-1}(x)$，$(g\circ f)^{-1}(x)$，$f^{-1}\circ g^{-1}(x)$ を求めよ．

解 $x=y^2+4\ (y\geqq 0)$ を y について解いて $y=\sqrt{x-4}$ となるため，$f^{-1}(x)=\sqrt{x-4}$ となる．また，$x=2y+3$ を y について解くと $y=\dfrac{1}{2}x-\dfrac{3}{2}$ となるため，$g^{-1}(x)=\dfrac{1}{2}x-\dfrac{3}{2}$ となる．さらに，$g\circ f(x)=2(x^2+4)+3=2x^2+11\ (x\geqq 0)$ となるため，$x=2y^2+11\ (y\geqq 0)$ を y について解いて $y=\sqrt{\dfrac{x-11}{2}}$ となるため，$(g\circ f)^{-1}(x)=\sqrt{\dfrac{x-11}{2}}$ を得る．

最後に $f^{-1}\circ g^{-1}$ を求めると

$$f^{-1}\circ g^{-1}(x)=\sqrt{\left(\frac{1}{2}x-\frac{3}{2}\right)-4}=\sqrt{\frac{x-11}{2}}=(g\circ f)^{-1}(x)$$

となる． □

3.4 点と距離および直線

$\mathbb{R}^n$ と書いて，$\boldsymbol{n}$ **次元空間**を表す．$\mathbb{R}^n$ の点は $(x_1,x_2,\cdots,x_n)$ のように，n 個の実数の組で表される．高校数学では $n=1,2,3$ までを扱い，$n=1$ のときは**数直線**，$n=2$ のときは**座標平面** (あるいは xy 平面)，$n=3$ のときは**座標空間** (あ

るいは xyz 空間) という．大学では，一般に 4 次元以上の空間も扱う．

まず，座標平面における点と距離について紹介する．

座標平面の上で 3 点 $\mathrm{A}(x_1, y_1)$, $\mathrm{B}(x_2, y_2)$, $\mathrm{C}(x_3, y_3)$ をとる．このとき，点 A, B の距離 AB は，三平方定理から

$$\mathrm{AB} = \sqrt{(x_2 - x_1)^2 + (y_2 - y_1)^2}$$

となる．

また，線分 AB を $m : n$ に内分する点 P の座標，外分する点 Q の座標は，それぞれ

$$\mathrm{P}\left(\frac{mx_2 + nx_1}{m+n}, \frac{my_2 + ny_1}{m+n}\right), \qquad \mathrm{Q}\left(\frac{mx_2 - nx_1}{m-n}, \frac{my_2 - ny_1}{m-n}\right)$$

で与えられる．さらに，△ABC の重心 G の座標は

$$\mathrm{G}\left(\frac{x_1 + x_2 + x_3}{3}, \frac{y_1 + y_2 + y_3}{3}\right)$$

となる．

例題 3.5 3 点 $\mathrm{A}(-2, 0)$, $\mathrm{B}(4, 6)$, $\mathrm{C}(2, -4)$ を頂点とする平行四辺形の残りの頂点 $\mathrm{D}(x, y)$ が第 1 象限にあるとき，D の座標を求めよ．

解 辺 BC の中点 $(3, 1)$ と辺 AD の中点 $\left(\dfrac{x-2}{2}, \dfrac{y}{2}\right)$ は一致することより，

$$\frac{x-2}{2} = 3, \qquad \frac{y}{2} = 1$$

より，$x = 8$, $y = 2$ を得る．よって，$\mathrm{D}(8, 2)$ となる． □

以下に，平面上の直線の方程式について基本的な事項をまとめておく：

- y 軸に平行でない直線：$y = mx + n$　(m : 傾き, n : y 切片)
- y 軸に平行な直線：$x = c$　(c : x 軸との交点)
- 直線の一般式：$ax + by + c = 0$
- 点 (x_0, y_0) を通り，傾き m の直線の方程式は

$$y = m(x - x_0) + y_0$$

で，また，2点 (x_1, y_1), (x_2, y_2) を通る直線の方程式は

(1)　$x_1 \neq x_2$ のとき，$y = \dfrac{y_2 - y_1}{x_2 - x_1}(x - x_1) + y_1$

(2)　$x_1 = x_2$ のとき，$x = x_1$

となる．

- **ヘッセの標準形**：原点 $(0,0)$ から直線への垂線の長さを h，垂線と x 軸の正の方向とのなす角を θ とするとき，直線の方程式は

$$x\cos\theta + y\sin\theta = h$$

で与えられる．

2直線 $\ell_1 : y = m_1x + n_1$, $\ell_2 : y = m_2x + n_2$ に対して，

- $\ell_1 \parallel \ell_2$　(2直線が平行)　$\iff$　$m_1 = m_2$
- $\ell_1 \perp \ell_2$　(2直線が垂直)　$\iff$　$m_1m_2 = -1$
- ℓ_1 と ℓ_2 のなす角を θ とすると，$0 < \theta < \dfrac{\pi}{2}$ のとき，$\tan\theta = \left|\dfrac{m_1 - m_2}{1 + m_1m_2}\right|$

となる．

例題 3.6　点 $\mathrm{A}(3,2)$ と点 $\mathrm{B}(-2,3)$ を結ぶ線分の垂直二等分線 l を求めよ．

解　線分 AB の傾きは，$\dfrac{2-3}{3-(-2)} = -\dfrac{1}{5}$ より l の傾きは 5 になる．l は AB の中点 $\left(\dfrac{1}{2}, \dfrac{5}{2}\right)$ を通ることより，

$$y = 5\left(x - \frac{1}{2}\right) + \frac{5}{2} = 5x$$

が l の方程式になる．　□

3.5 2次曲線，軌跡と領域

まず，いくつかの2次曲線を紹介する．定点Fと定直線 l からの距離の比の値が e である点Pの軌跡は**2次曲線**になる．ただし，$e > 0$ とする．2次曲線 C は，この比の値 e によって分類される．$0 < e < 1$ のとき C は楕円，$e > 1$ のとき C は双曲線，$e = 1$ のとき C は放物線を表す．Fを**焦点**といい，l を**準線**，e を2次曲線 C の**離心率**という．以下にそれぞれの2次曲線についてみていく．

楕円：2定点F, F′からの距離の和が一定の点Pの軌跡が**楕円**(だえん)である．
楕円の方程式は

$$\frac{x^2}{a^2} + \frac{y^2}{b^2} = 1$$

で与えられ，中心が原点 $(0,0)$，頂点は $(\pm a, 0)$, $(0, \pm b)$ である．

$a > b > 0$ のとき，$e = \dfrac{\sqrt{a^2 - b^2}}{a}$ (離心率)，焦点は $\left(\pm\sqrt{a^2 - b^2}, 0\right)$ である．
楕円上の点 (x_0, y_0) における接線の方程式は，

$$\frac{x_0 x}{a^2} + \frac{y_0 y}{b^2} = 1$$

で与えられる．また，楕円上の点の媒介変数表示は，

$$(x, y) = (a\cos\theta, b\sin\theta)$$

で与えられる．

例題 3.7 2点 $(\sqrt{5}, 0)$, $(-\sqrt{5}, 0)$ からの距離の和が6である曲線の方程式を求めよ．

解 焦点が $(\pm\sqrt{5}, 0)$ なので，$a^2 - b^2 = 5$ となり，$a > b$ より $2a = 6$ なので，$a = 3$, $b = 2$ を得る．よって，方程式 $\dfrac{x^2}{9} + \dfrac{y^2}{4} = 1$ を得る． □

双曲線：2 定点 F, F′ からの距離の差が一定の点 P の軌跡が**双曲線**である．双曲線の方程式は

$$\frac{x^2}{a^2}-\frac{y^2}{b^2}=1$$

で与えられ，中心が原点 $(0,0)$，頂点は $(\pm a,0)$ である．漸近線は，$y=\pm\frac{b}{a}x$ であり，$e=\frac{\sqrt{a^2+b^2}}{a}$ (離心率)，焦点は $\left(\pm\sqrt{a^2+b^2},0\right)$ である．

双曲線上の点 (x_0,y_0) における接線の方程式は，次の式で与えられる：

$$\frac{x_0x}{a^2}-\frac{y_0y}{b^2}=1.$$

また，双曲線上の点の媒介変数表示は，

$$(x,y)=(a\cosh\theta,b\sinh\theta)$$

で与えられる．ここで，$\cosh\theta=\frac{e^\theta+e^{-\theta}}{2}$，$\sinh\theta=\frac{e^\theta-e^{-\theta}}{2}$ であるが，これらは**双曲線関数**とよばれる．双曲線関数の性質については § 7.3 参照．

例題 3.8 双曲線を $C: x^2-\frac{y^2}{4}=-1$ とするとき，点 $\mathrm{A}(\sqrt{3},0)$ を通る C の接線を求めよ．

解 接点を (x_0,y_0) とすると，C の接線 l は $x_0x-\frac{y_0y}{4}=-1$ と表される．これが A を通るので，$x_0=-\frac{1}{\sqrt{3}}$ を得る．$x_0^2-\frac{y_0^2}{4}=-1$ に代入して，$y_0=\pm\frac{4}{\sqrt{3}}$ を得る．よって，l の方程式は $y=\pm(x-\sqrt{3})$ となる． □

放物線：定点 F と定直線 l への距離が等しい点 P の軌跡が**放物線**である．F, ℓ をそれぞれ放物線の**焦点**，**準線**という．放物線の方程式が

$$y^2 = 4px$$

で与えられたとき，頂点は原点 $(0,0)$，焦点は $(p,0)$，準線 $\ell : x = -p$ である．

放物線上の点 (x_0, y_0) における接線の方程式は，

$$y_0 y = 2p(x + x_0)$$

で与えられる．また，放物線上の点の媒介変数表示は，

$$(x, y) = (pt^2, 2pt)$$

で与えられる．

例題 3.9 放物線 $C : y^2 = 4x$ 上の点 $\mathrm{P}(a, b)$ が第 1 象限にあるとする．C の焦点を A とし，点 P における C の法線 n と直線 AP のなす角が $60°$ であるとき，P の座標を求めよ．

解 焦点は $\mathrm{A}(1,0)$ である．P における C の接線 l の方程式は $by = 2(x + a)$ より，n の傾きは $-\dfrac{b}{2}$ となる．直線 AP の傾きは，$b^2 = 4a$ を用いると，$\dfrac{b}{a-1} = \dfrac{4b}{b^2-4}$ となる．直線 AP，法線 n と x 軸の正の方向とのなす角をそれぞれ α, β とすると

$$\tan\alpha = \frac{4b}{b^2-4}, \qquad \tan\beta = -\frac{b}{2}$$

となる．条件より，$\beta - \alpha = 60°$ なので，

$$\sqrt{3} = \tan(\beta - \alpha) = \frac{\tan\beta - \tan\alpha}{1 + \tan\beta\tan\alpha} = \frac{-\dfrac{b}{2} - \dfrac{4b}{b^2-4}}{1 + \left(-\dfrac{b}{2}\right)\cdot\dfrac{4b}{b^2-4}} = \frac{b}{2}$$

となり，$b = 2\sqrt{3}$ を得る．このとき，$b^2 = 4a$ より $a = 3$ を得る． □

次に，2次曲線の軌跡と領域について紹介する．

ある条件 C を満たす点の集合を C の**軌跡**といい，軌跡上のある1点を条件 C を満たす**動点**，動点の座標 (x,y) が満たす関係式を**軌跡の方程式**という．

不等式 $y > f(x)$ で表される**領域**は $y = f(x)$ の上側，$y < f(x)$ で表される領域は $y = f(x)$ の下側である．また，不等式 $(x-a)^2 + (y-b)^2 > r^2$ で表される領域は円 $(x-a)^2 + (y-b)^2 = r^2$ の外部，$(x-a)^2 + (y-b)^2 < r^2$ で表される領域は円 $(x-a)^2 + (y-b)^2 = r^2$ の内部を表す．

例題 3.10　放物線 $C : y = x^2$ 上にある原点Oと異なる2点A, Bを $\angle\mathrm{AOB} = 90°$ となるようにとり，A, Bの中点をMとし，Aが第1象限を動くとするとき，点Mの軌跡を求めよ．

解　媒介変数 $t > 0$ として，$\mathrm{A}(t, t^2)$ とおくと，直線OAの方程式は，$y = tx$ となるので，条件より，直線OBは $y = -\dfrac{1}{t}x$ となる．このとき，点Bの座標は $\left(-\dfrac{1}{t}, \dfrac{1}{t^2}\right)$ となる．したがって，Mの座標 (x,y) は

$$x = \frac{1}{2}\left(t - \frac{1}{t}\right), \quad y = \frac{1}{2}\left(t^2 + \frac{1}{t^2}\right)$$

となる．よって，

$$x^2 = \frac{1}{4}\left(t - \frac{1}{t}\right)^2 = \frac{1}{4}\left(t^2 + \frac{1}{t^2} - 2\right) = \frac{1}{2}y - \frac{1}{2}$$

となることより，軌跡 $y = 2x^2 + 1$ を得る．$t > 0$ のとき，$x = \dfrac{1}{2}\left(t - \dfrac{1}{t}\right)$ はすべての実数値をとる．□

演習問題

FIRST STEP

問 3.1 次の対数を有理数に直せ.

(1) $\log_2 8^{-1}$ (2) $\log_7 \dfrac{1}{49}$ (3) $\log_9 27$

(4) $4\log_{10}\sqrt{150} - \log_{10} 54 + \log_{10} 24$

問 3.2 次の関数の逆関数を求めなさい.

(1) $f(x) = \sqrt[3]{x+1}$ (2) $g(x) = \log_3(x+1)$

問 3.3 焦点 $(5, 0)$, $(-5, 0)$ からの距離の和が 12 の楕円の方程式を求めよ.

問 3.4 焦点 $(2\sqrt{3},\ 0)$, $(-2\sqrt{3},\ 0)$, 漸近線 $y = \pm\sqrt{3}x$ を満たす双曲線の方程式を求めよ.

SECOND STEP

問 3.5 2 次関数 $y = 3x^2 + kx + 3$ が異なる二つの実数解をもつような k の範囲を求めよ.

問 3.6 任意の実数 x に対して, $x^2 + \dfrac{1}{x^2} + \dfrac{9x^2}{x^4+1}$ の最小値を求めよ.

問 3.7 方程式 $\sqrt{x+7} = ax - 2a + 3$ の実数解の個数を求めよ.

問 3.8 3 点 A$(2,\ 3)$, B$(-1, 5)$, C$(-3, -2)$ を頂点とする三角形 ABC の面積を求めよ.

問 3.9 点 (2, 3) から円 $x^2+y^2+2x-4y+3=0$ にひいた接線を求めよ.

||| THIRD STEP |||

問 3.10 2011 年 3 月 11 日, 東日本大震災が起こり, 地震と津波により特に東北地方には甚大な被害を及ぼし, いまもその爪痕が残されている. 地震の直後, 地震の大きさを表すマグニチュードは「7.9」と発表された. しかし時間の経過とともに, その値は逐次修正され, 最終的には「9.0」と確定した.

たかが '1.1' の誤差と思われるかも知れないが, これは致命的な誤りである. 実は地震のエネルギーを E とし, そのマグニチュードを M とするとき, M と E は次の様な関数関係により定まることが知られている:

$$M=\frac{2}{3}\log_{10}E-3.2.$$

そこで, 問題. マグニチュードの差が 1 のとき, 地震のエネルギーはおおよそ何倍になるかを求めてほしい.

COLUMN ③数学は宇宙共通の言語!?

現在，世界には六千ほどの言語が存在すると言われている．世界の人口は，おおよそ 72 億人でそのうちの三割は英語を話す．グローバル化が進んだ現代において，英語が話せないと困ることがしばしばある．もし，数学者になりたいと思ったら，英語は不可欠のツールである．論文はたいてい英語で書かれ，外国の数学者と研究交流をもとうとすれば英語で話したり，電子メールを交わしたりというのは日常茶飯事のことである．

さてそれでは近未来の話，地球外の星に住む住人と接触する機会が訪れたとしよう．私たちはどんな言語でコミュニケーションをとればよいのだろう．もちろん彼らが英語を話せることは期待できない．環境も文化も (おそらく根本から) 異なる彼らと共通に語り合える言語は存在するのであろうか？ そう，お察しのよい読者がすでにお気づきのように，共通の言語——それは数学である．モノを数えたり，計算したりというのはどの星に住もうと生活の基盤である．1, 2, 3,･･･ という数字は，彼の星ではどのような記号で書かれるかの対応さえわかれば何と言うことはない．言語には，背景に感情が込められているが，数の概念はどの星でも普遍的である．数学はまさに宇宙の言語である！ 近い将来，テレビでは「数学教室」の CM が席巻し，英会話の CM が衰退している・・・何てことは起こらないでしょうね．

地球外の星から地球へ接触があった場合，おそらく彼の星の科学力は地球のそれを凌いでいることだろう．ひょっとすると地球では未解決な問題が解決済みということもあり得る．最近テレビ等でも話題の「リーマン予想」はどうだろう，彼の星ではゼータ関数の研究は飛躍的に発展していて，すでに解決しているかもしれない．私なら，次の質問をしてみたい：「4 次元ホモトピー球面は 4 次元球面に微分同相ですか？」

第4章

三角関数と複素平面

本章では，三角関数について紹介する．また複素平面についても触れる．

4.1 三角関数の定義と性質

辺の比が $1:1:\sqrt{2}$ と $1:\sqrt{3}:2$ の直角三角形を考えることにより，30°, 45°, 60° の三角比が次のように求まる：

$$\sin 30^\circ = \frac{1}{2}, \quad \cos 30^\circ = \frac{\sqrt{3}}{2}, \quad \tan 30^\circ = \frac{1}{\sqrt{3}},$$
$$\sin 45^\circ = \frac{1}{\sqrt{2}}, \quad \cos 45^\circ = \frac{1}{\sqrt{2}}, \quad \tan 45^\circ = 1,$$
$$\sin 60^\circ = \frac{\sqrt{3}}{2}, \quad \cos 60^\circ = \frac{1}{2}, \quad \tan 60^\circ = \sqrt{3}.$$

このように三角比というのは，直角三角形があってその角度に対して定まる辺の比である．この考え方は容易に関数の概念へ拡張することができる．

原点を O とする座標平面で，半径 r の円 $x^2+y^2=r^2$ 上の任意の点を $\mathrm{P}(x,y)$ とする．線分 OP (これを**動径**という) と x 軸の正の方向とのなす角度が α° のとき，動径 OP の表す**一般角**は，整数 n に対して，

$$\theta = 360^\circ \times n + \alpha^\circ$$

と表される．このとき，一般角 θ に対する三角関数が次のように定義される：

$$\sin\theta = \frac{y}{r} \quad \textbf{(正弦)}, \qquad \cos\theta = \frac{x}{r} \quad \textbf{(余弦)}, \qquad \tan\theta = \frac{y}{x} \quad \textbf{(正接)}.$$

この定義の大切なところは，比をとっているため，半径 r の値に依存せずに三角

関数は定まることである.

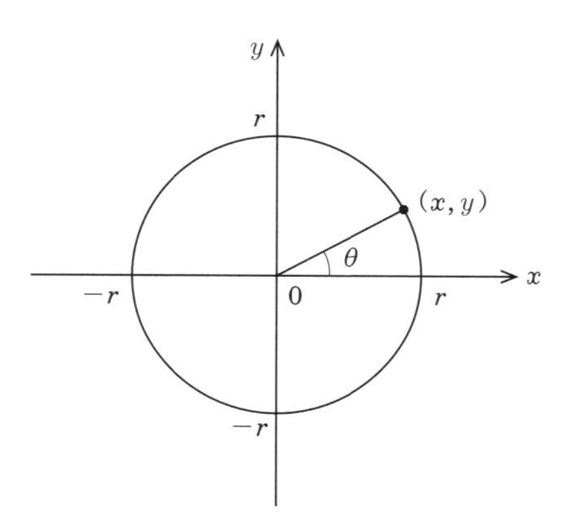

図 4.1 三角関数

さらに,正弦・余弦・正接の逆数を

$$\operatorname{cosec}\theta = \frac{1}{\sin\theta}, \qquad \sec\theta = \frac{1}{\cos\theta}, \qquad \cot\theta = \frac{1}{\tan\theta}$$

と定義する.

三角関数の定義からただちに次の関係式がわかる:

$$\sin^2\theta + \cos^2\theta = 1, \qquad \tan\theta = \frac{\sin\theta}{\cos\theta}, \qquad 1 + \tan^2\theta = \frac{1}{\cos^2\theta},$$
$$1 + \tan^2\theta = \sec^2\theta, \qquad 1 + \cot^2\theta = \operatorname{cosec}^2\theta, \qquad \cot\theta = \frac{\cos\theta}{\sin\theta}.$$

角度を 1 周 360° で測る方法を**度数法**といい,角をそれに対応する円周の弧の長さで測る方法を**弧度法**(こど)という.弧度法では,1 弧度 (**ラジアン**) を円の半径に等しい長さの弧に対する中心角と定める.すなわち,

$$\pi = 180^\circ, \qquad 1^\circ = \frac{\pi}{180}$$

である.つまり,弧度法により実数 x に対して,$\sin x$, $\cos x$, $\tan x$ などの三角関数が定まると考えることができる.

例題 4.1 $\theta = 15^\circ = \dfrac{\pi}{12}$ とする.内角が $A = 15^\circ$, $B = 75^\circ$, $C = 90^\circ$ の直角三角形 ABC を考えることにより,$\sin\theta$, $\cos\theta$, $\tan\theta$ を求めよ.

解 A を通る直線 ℓ が BC と交わる点を D としたとき，$\angle \mathrm{BAD} = 15^\circ$ となるように ℓ を選ぶことにする．$\mathrm{CA} = 1$ とすると，$\angle \mathrm{CAD} = 60^\circ$ なので，$\mathrm{AD} = \mathrm{BD} = 2$, $\mathrm{CD} = \sqrt{3}$ なので，$\mathrm{BC} = 2 + \sqrt{3}$ となり，さらに三平方の定理から $\mathrm{AB} = \sqrt{6} + \sqrt{2}$ を得る．よって，三角関数の定義から

$$\sin\theta = \frac{\mathrm{CA}}{\mathrm{AB}} = \frac{1}{\sqrt{6}+\sqrt{2}} = \frac{\sqrt{6}-\sqrt{2}}{(\sqrt{6}+\sqrt{2})(\sqrt{6}-\sqrt{2})} = \frac{\sqrt{6}-\sqrt{2}}{4}$$

が得られた．同様に，$\cos\theta = \dfrac{\sqrt{6}+\sqrt{2}}{4}$, $\tan\theta = 2 - \sqrt{3}$ を得る． □

さらにもっと別の角度に対する三角関数の値は次の公式を用いて求められる．

$$(1)\quad \begin{cases} \sin(\theta + 2n\pi) = \sin\theta \\ \cos(\theta + 2n\pi) = \cos\theta \\ \tan(\theta + 2n\pi) = \tan\theta \end{cases} \qquad (2)\quad \begin{cases} \sin(-\theta) = -\sin\theta \\ \cos(-\theta) = \cos\theta \\ \tan(-\theta) = -\tan\theta \end{cases}$$

$$(3)\quad \begin{cases} \sin(\pi + \theta) = -\sin\theta \\ \cos(\pi + \theta) = -\cos\theta \\ \tan(\pi + \theta) = \tan\theta \end{cases} \qquad (4)\quad \begin{cases} \sin(\pi - \theta) = \sin\theta \\ \cos(\pi - \theta) = -\cos\theta \\ \tan(\pi - \theta) = -\tan\theta \end{cases}$$

$$(5)\quad \begin{cases} \sin\left(\dfrac{\pi}{2} + \theta\right) = \cos\theta \\ \cos\left(\dfrac{\pi}{2} + \theta\right) = -\sin\theta \\ \tan\left(\dfrac{\pi}{2} + \theta\right) = -\dfrac{1}{\tan\theta} \end{cases} \qquad (6)\quad \begin{cases} \sin\left(\dfrac{\pi}{2} - \theta\right) = \cos\theta \\ \cos\left(\dfrac{\pi}{2} - \theta\right) = \sin\theta \\ \tan\left(\dfrac{\pi}{2} - \theta\right) = \dfrac{1}{\tan\theta} \end{cases}$$

4.2 面積公式と正弦定理・余弦定理・正接定理

$\triangle \mathrm{ABC}$ において，$\mathrm{BC} = a$, $\mathrm{CA} = b$, $\mathrm{AB} = c$ とする．さらに，$\triangle \mathrm{ABC}$ の面積を S, 外接円の半径を R, 内接円の半径を r, $2s = a + b + c$ とする．

2 辺挟角が与えられた場合，2 角挟辺が与えられた場合，3 辺が与えられた場合 (ヘロンの公式)，さらには，内接円の半径 r と外接円の半径 R との関係を表す三角形の面積公式は上から順にそれぞれ次のようになる：

$$S = \frac{1}{2}ab\sin C = \frac{1}{2}bc\sin A = \frac{1}{2}ca\sin B$$

$$= \frac{a^2 \sin B \sin C}{2\sin(B+C)} = \frac{b^2 \sin C \sin A}{2\sin(C+A)} = \frac{c^2 \sin A \sin B}{2\sin(A+B)}$$

$$= \sqrt{s(s-a)(s-b)(s-c)} \qquad \text{(ヘロンの公式)}$$

$$= \frac{\sqrt{(a+b+c)(-a+b+c)(a-b+c)(a+b-c)}}{4}$$

$$= rs = \frac{abc}{4R} = 2R^2 \sin A \sin B \sin C$$

注意 蛇足だが，一般に $R \geqq 2r$ が成り立つ (等号は正三角形のとき).

さらに，△ABC に対して，以下の三つの定理が成り立つ：

正弦定理：

$$\frac{a}{\sin A} = \frac{b}{\sin B} = \frac{c}{\sin C} = 2R$$

余弦定理：

$$\begin{cases} a = b\cos C + c\cos B \\ b = c\cos A + a\cos C \\ c = a\cos B + b\cos A \end{cases} \qquad \begin{cases} a^2 = b^2 + c^2 - 2bc\cos A \\ b^2 = c^2 + a^2 - 2ca\cos B \\ c^2 = a^2 + b^2 - 2ab\cos C \end{cases}$$

正接定理：

$$\tan\frac{A}{2}\tan\frac{B-C}{2} = \frac{b-c}{b+c}$$

例題 4.2 3 辺の長さが $a=7$, $b=12$, $c=13$ の △ABC に対して，面積 S，外接円の半径 R，内接円の半径 r，およびすべての角の正弦と余弦の値を求めよ.

解 $s = \dfrac{7+12+13}{2} = 16$ であり，ヘロンの公式より

$$S = \sqrt{16 \cdot 9 \cdot 4 \cdot 3} = 24\sqrt{3}$$

を得る．このとき，外接円の半径 R と内接円の半径 r は，面積公式の応用として

$$R = \frac{abc}{4S} = \frac{91\sqrt{3}}{24}, \qquad r = \frac{S}{s} = \frac{3\sqrt{3}}{2}$$

と求まる．さらに，正弦定理より

$$\sin A = \frac{a}{2R} = \frac{4\sqrt{3}}{13}, \qquad \sin B = \frac{b}{2R} = \frac{48\sqrt{3}}{91}, \qquad \sin C = \frac{c}{2R} = \frac{4\sqrt{3}}{7}$$

を得る．余弦定理を用いて

$$\cos A = \frac{b^2 + c^2 - a^2}{2bc} = \frac{11}{13}, \qquad \cos B = \frac{37}{91}, \qquad \cos C = \frac{1}{7}$$

を得る．これは関係式 $\sin^2\theta + \cos^2\theta = 1$ からも得られる． □

4.3 加法定理とその応用

三角関数のさまざまな応用上でもっとも基本となるのが，次の**加法定理**である．それ以降の公式は，すべてこれらの加法定理から導かれる．

$$\sin(\alpha+\beta) = \sin\alpha\cos\beta + \cos\alpha\sin\beta$$
$$\cos(\alpha+\beta) = \cos\alpha\cos\beta - \sin\alpha\sin\beta$$
$$\tan(\alpha+\beta) = \frac{\tan\alpha + \tan\beta}{1 - \tan\alpha\tan\beta}$$

加法定理の証明はいろいろな方法が知られている[1]．論理的には証明にならないが，次のようにオイラーの公式 $e^{i\theta} = \cos\theta + i\sin\theta$ を用いると，正弦と余弦の加法定理が同時に得られる．指数法則

$$e^{i(\alpha+\beta)} = e^{i\alpha}e^{i\beta}$$

が成り立つとすると

$$\begin{aligned}\cos(\alpha+\beta) + i\sin(\alpha+\beta) &= (\cos\alpha + i\sin\alpha)(\cos\beta + i\sin\beta) \\ &= \cos\alpha\cos\beta - \sin\alpha\sin\beta + i(\sin\alpha\cos\beta + \cos\alpha\sin\beta)\end{aligned}$$

となり，加法定理を思い出すのには便利な方法である．

加法定理において $\beta = \alpha$ とおくと，次の **2 倍角の公式**が得られる：

1] 例えば，例題 5.4 を参照してください．

$$\begin{cases} \sin 2\alpha = 2\sin\alpha\cos\alpha \\ \cos 2\alpha = \cos^2\alpha - \sin^2\alpha = 2\cos^2\alpha - 1 = 1 - 2\sin^2\alpha \\ \tan 2\alpha = \dfrac{2\tan\alpha}{1-\tan^2\alpha} \end{cases}$$

さらに，加法定理において $\beta = 2\alpha$ とおき 2 倍角の公式を用いると，次の**3 倍角の公式**が得られる：

$$\begin{cases} \sin 3\alpha = 3\sin\alpha - 4\sin^3\alpha \\ \cos 3\alpha = 4\cos^3\alpha - 3\cos\alpha \\ \tan 3\alpha = \dfrac{3\tan\alpha - \tan^3\alpha}{1-3\tan^2\alpha} \end{cases}$$

半角の公式：

$$\begin{cases} \sin^2\dfrac{\alpha}{2} = \dfrac{1-\cos\alpha}{2} \\ \cos^2\dfrac{\alpha}{2} = \dfrac{1+\cos\alpha}{2} \\ \tan^2\dfrac{\alpha}{2} = \dfrac{1-\cos\alpha}{1+\cos\alpha} \end{cases}$$

は，正弦・余弦とも余弦の 2 倍角の公式から得られる (2α を α と考えればよい).
正接は正弦と余弦の半角公式からただちに求まる.

例題 4.3 $\cos 22.5^\circ$ の値を求めよ.

解　余弦の半角公式において $\alpha = 22.5^\circ = \dfrac{\pi}{8}$ とすると

$$\cos^2\frac{\pi}{8} = \frac{1}{2}\left(1 + \cos\frac{\pi}{4}\right) = \frac{2+\sqrt{2}}{4}$$

となるので，$\cos\dfrac{\pi}{8} = \dfrac{\sqrt{2+\sqrt{2}}}{2}$ を得る.　□

加法定理を利用して，次の三角関数の合成の公式が得られる：

(1)　$a\sin\theta + b\cos\theta = \sqrt{a^2+b^2}\sin(\theta+\alpha)$

(2)　$a\cos\theta + b\sin\theta = \sqrt{a^2+b^2}\cos(\theta-\alpha)$

$$\left(\text{ただし，}\quad \cos\alpha = \frac{a}{\sqrt{a^2+b^2}},\ \sin\alpha = \frac{b}{\sqrt{a^2+b^2}}\right)$$

加法定理の加減により積和公式が得られ，積和公式の角を適当に置き換えて和積公式が得られる：

$$\begin{cases} \sin\alpha\cos\beta = \dfrac{1}{2}\{\sin(\alpha+\beta)+\sin(\alpha-\beta)\} \\ \cos\alpha\sin\beta = \dfrac{1}{2}\{\sin(\alpha+\beta)-\sin(\alpha-\beta)\} \\ \cos\alpha\cos\beta = \dfrac{1}{2}\{\cos(\alpha+\beta)+\cos(\alpha-\beta)\} \\ \sin\alpha\sin\beta = -\dfrac{1}{2}\{\cos(\alpha+\beta)-\cos(\alpha-\beta)\} \end{cases}$$

$$\begin{cases} \sin A + \sin B = 2\sin\dfrac{A+B}{2}\cos\dfrac{A-B}{2} \\ \sin A - \sin B = 2\cos\dfrac{A+B}{2}\sin\dfrac{A-B}{2} \\ \cos A + \cos B = 2\cos\dfrac{A+B}{2}\cos\dfrac{A-B}{2} \\ \cos A - \cos B = -2\sin\dfrac{A+B}{2}\sin\dfrac{A-B}{2} \end{cases}$$

次の公式は，三角関数の媒介変数表示といい，三角関数を含む有理関数の不定積分を求めるときに大変有効である．$t = \tan\dfrac{\theta}{2}$ のとき

$$\sin\theta = \frac{2t}{1+t^2},\qquad \cos\theta = \frac{1-t^2}{1+t^2},\qquad \tan\theta = \frac{2t}{1-t^2}.$$

次の三角級数の $n=2$ の場合は和積公式から得られるが，任意の自然数 n については，正弦・余弦の等式を同時に示すために，オイラーの公式 $e^{i\theta} = \cos\theta + i\sin\theta$ が有効な役割を果たす：

$$\sin\theta + \sin 2\theta + \cdots + \sin n\theta = \frac{\sin\dfrac{(n+1)\theta}{2}\sin\dfrac{n\theta}{2}}{\sin\dfrac{\theta}{2}},$$

$$\cos\theta + \cos 2\theta + \cdots + \cos n\theta = \frac{\cos\dfrac{(n+1)\theta}{2}\sin\dfrac{n\theta}{2}}{\sin\dfrac{\theta}{2}}.$$

例題 4.4 例題 4.2 の △ABC に対して，正接定理が成り立つことを確かめよ．

解 半角公式より

$$\tan^2\frac{A}{2}=\frac{1-\cos A}{1+\cos A}=\frac{1}{12},\quad \tan^2\frac{B}{2}=\frac{27}{64},\quad \tan^2\frac{C}{2}=\frac{3}{4}$$

となるので，$\tan\dfrac{A}{2}=\dfrac{\sqrt{3}}{6}$，$\tan\dfrac{B}{2}=\dfrac{3\sqrt{3}}{8}$，$\tan\dfrac{C}{2}=\dfrac{\sqrt{3}}{2}$ を得る．さらに，正接の加法定理より

$$\tan\frac{B-C}{2}=\tan\left(\frac{B}{2}-\frac{C}{2}\right)=\frac{\tan\frac{B}{2}-\tan\frac{C}{2}}{1+\tan\frac{B}{2}\tan\frac{C}{2}}=\frac{-2\sqrt{3}}{25}$$

を得るので，

$$\tan\frac{A}{2}\tan\frac{B-C}{2}=\frac{\sqrt{3}}{6}\cdot\frac{-2\sqrt{3}}{25}=\frac{-1}{25}=\frac{12-13}{12+13}=\frac{b-c}{b+c}$$

となり，△ABC において正接定理が成り立つことが確かめられた． □

4.4 複素数と複素平面

$i=\sqrt{-1}$ を**虚数単位**といい，x, y を実数とするとき，

$$z=x+yi$$

を**複素数**という．x を z の**実部**といい，y を**虚部**という．

$$\bar{z}=x-yi$$

を z の**共役複素数**という．$|z|=\sqrt{x^2+y^2}$ を z の**絶対値**といい，

$$|z|^2=z\bar{z}$$

が成り立つ．

xy 平面の上の任意の点 (a,b) と複素数 $a+bi$ を同一視して，平面上の同じ場所に点を描いて，平面上の 1 点が一つの複素数を表す (次の図 4.2 参照) と考える．こうした平面を**複素平面** (または**ガウス平面**) という．x 軸を**実軸**，y 軸を**虚軸**という．

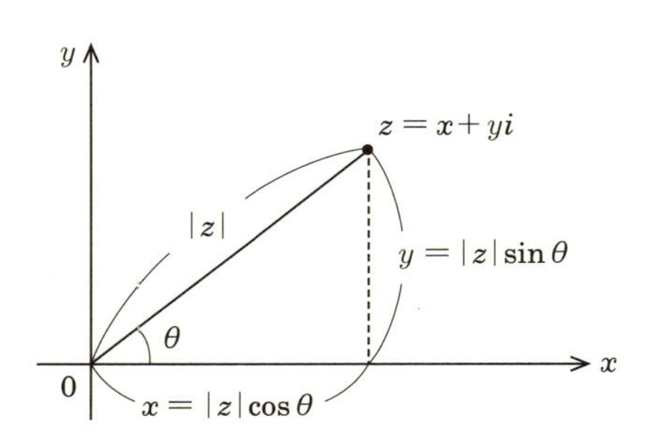

図 4.2　複素平面

原点を O とする複素平面上の任意の点 P が $z=a+bi$ を表すとき，線分 OP と実軸の正の方向とのなす角を θ とする．このとき，OP を**動径**といい，θ を**偏角** (argument) という．

$$\theta=\arg(z)$$

と書くことがある．$r=|z|=\sqrt{x^2+y^2}$ は動径の長さであり，

$$z=r(\cos\theta+i\sin\theta)$$

と表すことができて，これを複素数 z の**極形式**という．

二つの複素数 $z_1=r_1(\cos\theta_1+i\sin\theta_1)$, $z_2=r_2(\cos\theta_2+i\sin\theta_2)$ が与えられたとき，積 z_1z_2 を計算すると

$$\begin{aligned}z_1z_2&=r_1r_2\{\cos\theta_1\cos\theta_2-\sin\theta_1\sin\theta_2+i(\sin\theta_1\cos\theta_2+\cos\theta_1\sin\theta_2)\}\\&=r_1r_2\{\cos(\theta_1+\theta_2)+i\sin(\theta_1+\theta_2)\}\end{aligned}$$

となるので，

$$|z_1z_2|=|z_1|\,|z_2|,\qquad \arg(z_1z_2)=\arg(z_1)+\arg(z_2)$$

が成り立つ．2 行目の変形では，加法定理 (§ 4.3 参照) を用いている．

例題 4.5　$z_1=2+4i$ を原点のまわりに 30° 回転した点を表す複素数を z_2 とする．z_2 および $|z_2|$ を求めよ．

解　z_1 に $\cos 30^\circ+i\sin 30^\circ=\dfrac{\sqrt{3}}{2}+\dfrac{1}{2}i$ を掛けると，z_1 を原点のまわりに

30° 回転したことになるので

$$z_2 = (2+4i)\left(\frac{\sqrt{3}}{2}+\frac{1}{2}i\right) = \sqrt{3}-2+(1+2\sqrt{3})i$$

となる．このとき，$|z_2|^2 = (\sqrt{3}-2)^2+(1+2\sqrt{3})^2 = 20$ となるので，$|z_2| = 2\sqrt{5}$ が得られる． □

極形式による計算の場合，次の**ド・モアブルの公式**はとても重要である：

$$(\cos\theta + i\sin\theta)^n = \cos n\theta + i\sin n\theta \quad (n : \text{整数}).$$

例題 4.6 $z^6 = -1+i$ を満たす複素数 z のうちで偏角 $\theta \geqq 0$ が最小のものを求めよ．

解 $z = r(\cos\theta + i\sin\theta)$ とおくと，ド・モアブルの公式より $z^6 = r^6(\cos 6\theta + i\sin 6\theta)$．したがって，$-1+i = \sqrt{2}\left(\cos\frac{3}{4}\pi + i\sin\frac{3}{4}\pi\right)$ と較べて，$r^6 = \sqrt{2}$, $6\theta = \frac{3}{4}\pi$ より $r = 2^{\frac{1}{12}}$, $\theta = \frac{\pi}{8}$ となり，$z = 2^{\frac{1}{12}}\left(\cos\frac{\pi}{8} + i\sin\frac{\pi}{8}\right)$ が得られる． □

FIRST STEP

問 4.1 $\sin 75^\circ$, $\cos 75^\circ$, $\tan 75^\circ$ の値をそれぞれ求めよ.

問 4.2 3 倍角公式と半角公式が成り立つことを確かめよ.

問 4.3 $\sin\theta + \cos\theta = x$ とするとき, $\sin\theta\cos\theta$, $\sin^3\theta + \cos^3\theta$ を x を用いて表せ.

問 4.4 $\dfrac{1+\tan\theta}{1-\tan\theta} = 3$ のとき, $\sin\theta$, $\cos\theta$ の値を求めよ.

SECOND STEP

問 4.5 $\sin 20^\circ \sin 40^\circ \sin 80^\circ$ の値を求めよ.

問 4.6 三辺の長さが 13, 14, 15 である三角形の面積 S, 内接円の半径 r, 外接円の半径 R を求めよ.

問 4.7 次の 2 通りの方法により, $\cos 36^\circ$ の値をそれぞれ求めよ.

(1) $\angle \mathrm{A} = 36^\circ$ で 2 辺が $\mathrm{AB} = \mathrm{AC} = 1$ の二等辺三角形 ABC を考え, AC 上に $\triangle \mathrm{ABD} = 36^\circ$ となるように点 D をとる.

(2) $\theta = 36^\circ$ とする. $\sin 2\theta = \sin 3\theta$ が成り立つことを示し, 2 倍角と 3 倍角公式を代入して, 方程式を解く.

問 4.8 前問の結果を用いて, $\cos 18^\circ$ の値を求めよ.

問 4.9　次の 5 倍角の公式が成り立つことを示せ：

$$\sin 5\theta = 16\sin^5\theta - 20\sin^3\theta + 5\sin\theta$$

THIRD STEP

問 4.10　$\theta = \dfrac{\pi}{5}$ とする．問 4.7 で求めたように，$\cos\theta = \dfrac{1+\sqrt{5}}{4}$ である．2 倍角公式を用いると，

$$\cos 2\theta = 2\cos^2\theta - 1 = \frac{-1+\sqrt{5}}{4}$$

を得る．このとき，

$$\tan^2\theta = \frac{1}{\cos^2\theta} - 1 = \frac{8}{3+\sqrt{5}} - 1 = 5 - 2\sqrt{5}$$

$$\tan^2 2\theta = \frac{1}{\cos^2 2\theta} - 1 = \frac{8}{3-\sqrt{5}} - 1 = 5 + 2\sqrt{5}$$

を得るが，これらの値は共に無理数である．しかし，これらの逆数の和をとると

$$\frac{1}{\tan^2\theta} + \frac{1}{\tan^2 2\theta} = \frac{1}{5-2\sqrt{5}} + \frac{1}{5+2\sqrt{5}} = 2 \tag{4.1}$$

となり整数となる．無理数部分が相殺して整数となる (4.1) 式は，背後に美しい公式が成り立つことを示唆している． さて，そこで問題． $\theta = \dfrac{\pi}{7}$ とするとき，

$$\frac{1}{\tan^2\theta} + \frac{1}{\tan^2 2\theta} + \frac{1}{\tan^2 3\theta} = 5 \tag{4.2}$$

が成り立つことを示せ．一般に次の公式が成り立つことが示せるが，これは研究課題としよう：

$$\sum_{k=1}^{n} \cot^2 \frac{k}{2n+1}\pi = \frac{n(2n-1)}{3}. \tag{4.3}$$

(4.3) で，$n=2$ を代入すると (4.1) が得られ，$n=3$ を代入すると (4.2) が得られる．ここで， $\cot\theta = \dfrac{1}{\tan\theta}$ である．

COLUMN ④数学的な感覚

読者はすでにご存じかも知れませんが，「数学」はすべての科学の基礎にあたる学問です．しかし，それは単に科学のみならず，日常生活のあらゆる分野と関わり，数学的な感覚が生かされているといえます．

例えば，数学とは関係がないと思われる服飾デザイナーについて考えてみましょう．服のデザインを考え，その服を実際に作り出すには，「ここをこう切って，ことここを縫い合わせる」という作業を最初に頭の中で描くわけです．一流のデザイナーになると，型紙を作らずに一枚の布を切り始め，縫製し，絶妙な服を仕上げてしまう方もおられます．これはまさに幾何学的感覚の一つです．

また，料理家 (あるいはシェフ) が頭の中で，美味しい料理のレシピを考案するのもまさに数学的な感覚です．一流の料理家になると，味加減はいちいち計量カップや計量器で測って調理するのではなく，「塩をこのぐらい入れるとこういう味になる」という感覚が頭の中にあって，絶妙の料理を生み出すことができます．完成した料理とその調理過程の細部を頭の描ける資質がまさに数学と相通じるものがあります．

音楽家の場合もそうです．音楽と数学はまさに感覚的に同じ部分があって，一流の音楽家はほんのわずかな音の違いを聞き分ける能力をおもちです．オーケストラの指揮者は，すべての楽器の音を識別できなければ勤まりません，また，例えばピアノの調律師は微妙な音の違いを簡単に聞き分けるようです．一オクターブは八つの音からなりますが，ピアノ線の長さが半分になると音階が一オクターブ高くなるのはよく知られていることです．単純に考えるとそれを八等分すれば八音階が実現されそうですが，実際には均等に調律するではなく，

$$\frac{\sqrt[3]{2}}{10} = 0.126\cdots$$

という無理数を実現する調律師がおられるようです．ピアノ線は直線なので一次元ですから，長さを $\frac{1}{8} = 0.125$ とすればよさそうです．しかし，そこから生み出される音の方は実際は三次元の広がりがあるようで，調律に立方根 $\sqrt[3]{2}$ が必要なのがそ

の証拠です．つまり，音のイメージは三次元の広がりがあり，そのイメージの具現化が立方根として現れるわけです．

第5章

ベクトルと行列および空間図形

ベクトルとは大きさと向きをもつ量のことである．ベクトルに対して，数のことを**スカラー**とよぶ．ベクトルは太字や矢印で $\boldsymbol{a}$ や $\overrightarrow{a}$ と表したり，始点 A から終点 B のベクトルを $\overrightarrow{\mathrm{AB}}$ などと書く．なお，次の引用に頼る部分がある：

[線]　『線形代数学 30 講』青木貴史・大野泰生・佐久間一浩・中村弥生 共著 (培風館)，2014 年 3 月．

5.1 ベクトルと内積・外積

ベクトルには内積と外積の 2 種類の積が定義される．

二つのベクトル $\boldsymbol{a}$, $\boldsymbol{b}$ のなす角を θ とすると，$\boldsymbol{a}$ と $\boldsymbol{b}$ の**内積**が

$$\boldsymbol{a}\cdot\boldsymbol{b}=|\boldsymbol{a}|\,|\boldsymbol{b}|\cos\theta$$

で定義される．このとき，

$$\boldsymbol{a}\cdot\boldsymbol{b}=\boldsymbol{b}\cdot\boldsymbol{a}$$

が成り立つ．内積とは，二つのベクトルの位置関係を実数で示す量だから，スカラーである．特に，

$$\boldsymbol{a}\cdot\boldsymbol{b}=0 \quad\Longleftrightarrow\quad \boldsymbol{a}\perp\boldsymbol{b} \qquad (\boldsymbol{a}\neq\boldsymbol{0},\ \boldsymbol{b}\neq\boldsymbol{0})$$

が成り立つ．($\boldsymbol{0}$ は零ベクトルを表す．)

$\boldsymbol{a}=(a_1,a_2,a_3)$, $\boldsymbol{b}=(b_1,b_2,b_3)$ と成分表示すると，$\boldsymbol{a}$ と $\boldsymbol{b}$ の内積は

$$\boldsymbol{a}\cdot\boldsymbol{b}=a_1b_1+a_2b_2+a_3b_3$$

となる．内積には，次のような基本性質がある (k は実数)：

$$\boldsymbol{a}\cdot(\boldsymbol{b}+\boldsymbol{c})=\boldsymbol{a}\cdot\boldsymbol{b}+\boldsymbol{a}\cdot\boldsymbol{c},\quad (k\boldsymbol{a})\cdot\boldsymbol{b}=k(\boldsymbol{a}\cdot\boldsymbol{b})=\boldsymbol{a}\cdot(k\boldsymbol{b}).$$

注意 内積を $\boldsymbol{a}\cdot\boldsymbol{b}$ の代わりに $\langle\boldsymbol{a},\boldsymbol{b}\rangle$ という記号で書くこともある．

ベクトル $\boldsymbol{a}=(a_1,a_2,a_3)$, $\boldsymbol{b}=(b_1,b_2,b_3)$ に対して，$\boldsymbol{a}$ と $\boldsymbol{b}$ の**外積**が

$$\boldsymbol{a}\times\boldsymbol{b}=\left(\begin{vmatrix}a_2 & a_3\\ b_2 & b_3\end{vmatrix},\ \begin{vmatrix}a_3 & a_1\\ b_3 & b_1\end{vmatrix},\ \begin{vmatrix}a_1 & a_2\\ b_1 & b_2\end{vmatrix}\right)$$

で定義される．ここで，$\begin{vmatrix}a & b\\ c & d\end{vmatrix}=ad-bc$ (行列式) である (次節参照)．

注意 平面ベクトルに対しては外積は定義されない．外積は，空間ベクトルに固有の概念[1]である．

例題 5.1 $\boldsymbol{a}=(1,1,1)$ と $\boldsymbol{b}=(p,q,0)$ のなす角が 45° であるとき，$\boldsymbol{b}$ と $\boldsymbol{c}=(1,0,0)$ とのなす角 θ を求めよ．ただし，$p>0$ とする．

解 条件より $\cos 45^\circ=\dfrac{p+q}{\sqrt{3}\sqrt{p^2+q^2}}$ なので，$\sqrt{3}\sqrt{p^2+q^2}=\sqrt{2}(p+q)$ となる．両辺を 2 乗して，$p^2\neq 0$ で割ると

$$3\left\{1+\left(\frac{q}{p}\right)^2\right\}=2\left(1+\frac{q}{p}\right)^2$$

を得る．$\dfrac{q}{p}=t$ とおくと，2 次方程式は $3(1+t^2)=2(1+t)^2$ となるので，展開整理して，$t^2-4t+1=0$ より $t=2\pm\sqrt{3}$ を得る．θ の定義から

$$\tan\theta=\frac{q}{p}=t=2\pm\sqrt{3}$$

なので，$\theta=15^\circ$ または 75° を得る． □

1] 平面ベクトルにはなぜ外積が定義されないのか，等については，[線] の第 III 部の第 5 章を参照．

5.2 行列と行列式

$m \times n$ 個の数 a_{ij} $(1 \leqq i \leqq m,\ 1 \leqq j \leqq n)$ を次の形に並べたものを **m 行 n 列の行列**あるいは **(m,n) 行列**という：

$$A = \begin{pmatrix} a_{11} & a_{12} & \cdots & a_{1n} \\ a_{21} & a_{22} & \cdots & a_{2n} \\ \vdots & \vdots & & \vdots \\ a_{m1} & a_{m2} & \cdots & a_{mn} \end{pmatrix}$$

これを簡単に，

$$A = (a_{ij})$$

と書くこともある．$m = n$ のとき，(n,n) 行列を **n 次正方行列**という．成分がすべて 0 である行列を**零**（れい）**行列**といい，O と書く．$a_{ii} = 1$, $a_{ij} = 0$ $(i \neq j)$ を満たす n 次正方行列を**単位行列**といい，E と書く：

$$\begin{pmatrix} 1 & 0 \\ 0 & 1 \end{pmatrix}, \quad \begin{pmatrix} 1 & 0 & 0 \\ 0 & 1 & 0 \\ 0 & 0 & 1 \end{pmatrix}, \quad \cdots .$$

また，$a_{ij} = 0$ $(i \neq j)$ を満たす n 次正方行列を**対角行列**という．単位行列は対角行列の特別な場合である．

また，行列 $A = (a_{ij})$ の行と列を入れ替えて得られる行列を A の**転置行列**といい，

$${}^tA = (a_{ji})$$

と書く：

$${}^tA = \begin{pmatrix} a_{11} & a_{21} & \cdots & a_{n1} \\ a_{12} & a_{22} & \cdots & a_{n2} \\ \vdots & \vdots & & \vdots \\ a_{1n} & a_{2n} & \cdots & a_{nn} \end{pmatrix}.$$

行列 A が

$${}^tA = A$$

を満たすとき，**対称行列**という．

さらに，行列 $A = (a_{ij})$ と $B = (b_{ij})$ の**和** $A + B$ と**スカラー倍** kA が

$$A+B=(a_{ij}+b_{ij}), \qquad kA=(ka_{ij}) \qquad (k:\text{実数})$$

で定義され，行列の**積** $AB=C=(c_{ij})$ が

$$c_{ij}=a_{i1}b_{1j}+a_{i2}b_{2j}+\cdots+a_{in}b_{nj}$$

で定義される．一般に，$AB\neq BA$ であることに注意する．また，行列 A の n 個の積を

$$A^n=\underbrace{AA\cdots A}_{n}$$

と書く．

例題 5.2 3 次の正方行列 $A=\begin{pmatrix}1&2&1\\2&1&-1\\1&-1&3\end{pmatrix}$ に対して，

$$A^3-aA^2+bA-cE=O$$

を満たす実数 a, b, c の値を求めよ．

解 $A^2=\begin{pmatrix}6&3&2\\3&6&-2\\2&-2&11\end{pmatrix}$，$A^3=\begin{pmatrix}14&13&9\\13&14&-9\\9&-9&37\end{pmatrix}$ なので，条件式に代入して，$(1,2)$ 成分と $(1,3)$ 成分から，それぞれ $13-3a+2b=0$, $9-2a+b=0$ を得るので，$a=5$, $b=1$ となる．$(1,1)$ 成分から $14-6a+b-c=0$ を得るので，$c=-15$ となる． □

2 次正方行列 $A=\begin{pmatrix}a&b\\c&d\end{pmatrix}$ に対して，

$$|A|=\begin{vmatrix}a&b\\c&d\end{vmatrix}=ad-bc$$

を 2 次正方行列 A の**行列式**といい，3 次正方行列 $A=\begin{pmatrix}a_{11}&a_{12}&a_{13}\\a_{21}&a_{22}&a_{23}\\a_{31}&a_{32}&a_{33}\end{pmatrix}$ に対して，その行列式 $|A|$ は

$$\begin{aligned}|A| &= a_{11}\begin{vmatrix} a_{22} & a_{23} \\ a_{32} & a_{33}\end{vmatrix} - a_{21}\begin{vmatrix} a_{12} & a_{13} \\ a_{32} & a_{33}\end{vmatrix} + a_{31}\begin{vmatrix} a_{12} & a_{13} \\ a_{22} & a_{23}\end{vmatrix} \\ &= a_{11}a_{22}a_{33} + a_{12}a_{23}a_{31} + a_{13}a_{21}a_{32} \\ &\qquad - a_{11}a_{23}a_{32} - a_{12}a_{21}a_{33} - a_{13}a_{22}a_{31}\end{aligned}$$

で定まる[2].

さらに，4 次正方行列 $A = \begin{pmatrix} a_{11} & a_{12} & a_{13} & a_{14} \\ a_{21} & a_{22} & a_{23} & a_{24} \\ a_{31} & a_{32} & a_{33} & a_{34} \\ a_{41} & a_{42} & a_{43} & a_{44}\end{pmatrix}$ に対して，その行列式 $|A|$ は

$$\begin{aligned}|A| = a_{11}\begin{vmatrix} a_{22} & a_{23} & a_{24} \\ a_{32} & a_{33} & a_{34} \\ a_{42} & a_{43} & a_{44}\end{vmatrix} - a_{21}\begin{vmatrix} a_{12} & a_{13} & a_{14} \\ a_{32} & a_{33} & a_{34} \\ a_{42} & a_{43} & a_{44}\end{vmatrix} \\ + a_{31}\begin{vmatrix} a_{12} & a_{13} & a_{14} \\ a_{22} & a_{23} & a_{24} \\ a_{42} & a_{43} & a_{44}\end{vmatrix} - a_{41}\begin{vmatrix} a_{12} & a_{13} & a_{14} \\ a_{22} & a_{23} & a_{24} \\ a_{32} & a_{33} & a_{34}\end{vmatrix}\end{aligned}$$

で定まる．

5 次以上の行列式も 3, 4 次の場合のように帰納的に定義される．一般に，n 次正方行列 A が正則 (逆行列をもつ) 行列であるための必要十分条件は，$|A| \neq 0$ が成り立つことである．

行列式に関して，次の公式が成り立つ：

$$|{}^t\!A| = |A|, \qquad |AB| = |A|\,|B|.$$

行列式を実際に求めるときに次の四つの性質は重要である：

- 行列式 $|A|$ のある行 (または列) の成分がすべて 0 であるとき，$|A| = 0$ が成り立つ．例えば，

$$\begin{vmatrix} 0 & a_{12} & a_{13} \\ 0 & a_{22} & a_{23} \\ 0 & a_{32} & a_{33}\end{vmatrix} = 0.$$

- 行列式 $|A|$ において，二つの行 (または列) を入れ替えた行列式を $|A'|$ とすると，$|A| = -|A'|$ が成り立つ．例えば，

2] 2 次，3 次の行列式を求める方法の一つに**サラスの方法**がある．詳しくは [線] §24 を参照してください．

$$\begin{vmatrix} a_{11} & a_{12} & a_{13} \\ a_{21} & a_{22} & a_{23} \\ a_{31} & a_{32} & a_{33} \end{vmatrix} = -\begin{vmatrix} a_{21} & a_{22} & a_{23} \\ a_{11} & a_{12} & a_{13} \\ a_{31} & a_{32} & a_{33} \end{vmatrix}.$$

- 行列式のある行 (または列) のすべての成分に共通な因数は，行列式の因数としてくくり出すことができる．例えば，

$$\begin{vmatrix} \alpha a_{11} & a_{12} & a_{13} \\ \alpha a_{21} & a_{22} & a_{23} \\ \alpha a_{31} & a_{32} & a_{33} \end{vmatrix} = \alpha \begin{vmatrix} a_{11} & a_{12} & a_{13} \\ a_{21} & a_{22} & a_{23} \\ a_{31} & a_{32} & a_{33} \end{vmatrix}.$$

- 行列式の一つの行 (または列) の各成分に，他の行 (または列) のスカラー倍を加えても，行列式の値は変わらない．例えば，

$$\begin{vmatrix} a_{11} & a_{12} & a_{13} \\ a_{21} & a_{22} & a_{23} \\ a_{31} & a_{32} & a_{33} \end{vmatrix} = \begin{vmatrix} a_{11}+\alpha a_{21} & a_{12}+\alpha a_{22} & a_{13}+\alpha a_{23} \\ a_{21} & a_{22} & a_{23} \\ a_{31} & a_{32} & a_{33} \end{vmatrix}.$$

例えば，同じ行列式の値を異なる方法で計算してみる：

$$\begin{aligned} \begin{vmatrix} 1 & 2 & 3 \\ 4 & 5 & 6 \\ 7 & 8 & 9 \end{vmatrix} &= \begin{vmatrix} 5 & 6 \\ 8 & 9 \end{vmatrix} - 4\begin{vmatrix} 2 & 3 \\ 8 & 9 \end{vmatrix} + 7\begin{vmatrix} 2 & 3 \\ 5 & 6 \end{vmatrix} \\ &= (45-48) - 4(18-24) + 7(12-15) = 0, \end{aligned}$$

$$\begin{vmatrix} 1 & 2 & 3 \\ 4 & 5 & 6 \\ 7 & 8 & 9 \end{vmatrix} = \begin{vmatrix} 1 & 2 & 3 \\ 0 & -3 & -6 \\ 0 & -6 & -12 \end{vmatrix} = \begin{vmatrix} -3 & -6 \\ -6 & -12 \end{vmatrix} = 0.$$

n 次正方行列 $A=(a_{ij})$ が与えられたとき，第 i 行と第 j 列を取り去って得られる $(n-1)$ 次行列の行列式に，$(-1)^{i+j}$ を掛けた値を行列 A の (i,j) 余因子といって，Δ_{ij} と書き，$\tilde{A} = {}^t(\Delta_{ij})$ を**余因子行列**という．A が正則ならば，その逆行列 A^{-1} は

$$A^{-1} = \frac{1}{|A|}\tilde{A}$$

となる．

5.3 連立方程式と一次変換

連立1次方程式

$$\begin{cases} ax+by=p \\ cx+dy=q \end{cases}$$

が与えられたとき，これを行列で表すと，

$$\begin{pmatrix} a & b \\ c & d \end{pmatrix}\begin{pmatrix} x \\ y \end{pmatrix}=\begin{pmatrix} p \\ q \end{pmatrix}$$

となるので，$\Delta = ad-bc \neq 0$ のとき，左から

$$\begin{pmatrix} a & b \\ c & d \end{pmatrix}^{-1}=\frac{1}{ad-bc}\begin{pmatrix} d & -b \\ -c & a \end{pmatrix}$$

を掛けて，

$$\begin{pmatrix} x \\ y \end{pmatrix}=\frac{1}{ad-bc}\begin{pmatrix} d & -b \\ -c & a \end{pmatrix}\begin{pmatrix} p \\ q \end{pmatrix}=\frac{1}{ad-bc}\begin{pmatrix} dp-bq \\ -cp+aq \end{pmatrix}$$

が連立方程式の解となる．

また，この2次正方行列 $A=\begin{pmatrix} a & b \\ c & d \end{pmatrix}$ は，点 (x,y) を点 (p,q) に移す**一次変換**と考えられる．特に，各成分が次のような三角関数で表された行列

$$R(\theta)=\begin{pmatrix} \cos\theta & -\sin\theta \\ \sin\theta & \cos\theta \end{pmatrix}$$

を角度 θ の**回転行列**という．$R(\theta)$ はベクトルの長さを変えずに，角度 θ 回転する一次変換である．

例題 5.3 連立方程式 $\begin{cases} ax+y=2a \\ x-ay=1+a^3 \end{cases}$ を解け．

解 連立方程式を行列を用いて表すと

$$\begin{pmatrix} a & 1 \\ 1 & a \end{pmatrix}\begin{pmatrix} x \\ y \end{pmatrix}=\begin{pmatrix} 2a \\ 1+a^3 \end{pmatrix}$$

となる．ここで $\Delta = a^2-1$ なので，$a \neq \pm 1$ のとき，

$$\begin{pmatrix} a & 1 \\ 1 & a \end{pmatrix}^{-1} = \frac{1}{a^2-1}\begin{pmatrix} a & -1 \\ -1 & a \end{pmatrix}$$

なので，これを上式の両辺に左から掛けて

$$\begin{pmatrix} x \\ y \end{pmatrix} = \frac{1}{a^2-1}\begin{pmatrix} a & -1 \\ -1 & a \end{pmatrix}\begin{pmatrix} 2a \\ 1+a^3 \end{pmatrix} = \frac{1}{a+1}\begin{pmatrix} -a^2+a+1 \\ a^3+a^2+a \end{pmatrix}$$

となる．

$a=1$ のとき，方程式は両方とも $x+y=2$ となるので，$x=c,\ y=2-c$ (c：実数) となる．

$a=-1$ のとき，連立方程式は $\begin{cases} -x+y=-2 \\ x-y=0 \end{cases}$ となるので，これを同時に満たす $x,\ y$ は存在しない． □

例題 5.4 回転行列に対する等式 $R(\alpha+\beta)=R(\alpha)R(\beta)$ から，正弦と余弦の加法定理が得られることを確かめよ．

解 右辺の積を計算すると

$$\begin{aligned} R(\alpha)R(\beta) &= \begin{pmatrix} \cos\alpha & -\sin\alpha \\ \sin\alpha & \cos\alpha \end{pmatrix}\begin{pmatrix} \cos\beta & -\sin\beta \\ \sin\beta & \cos\beta \end{pmatrix} \\ &= \begin{pmatrix} \cos\alpha\cos\beta-\sin\alpha\sin\beta & -\cos\alpha\sin\beta-\sin\alpha\cos\beta \\ \sin\alpha\cos\beta+\cos\alpha\sin\beta & \cos\alpha\cos\beta-\sin\alpha\sin\beta \end{pmatrix} \end{aligned}$$

となることから，左辺

$$R(\alpha+\beta) = \begin{pmatrix} \cos(\alpha+\beta) & -\sin(\alpha+\beta) \\ \sin(\alpha+\beta) & \cos(\alpha+\beta) \end{pmatrix}$$

と較べて加法定理が得られる． □

5.4 空間図形

原点を O とする．空間における直線は，異なる 2 点を結ぶことにより，ただ一つの直線が定まる．直線上の 2 点を結ぶ線分をベクトルとみなすことにより，直線の**方向ベクトル**が定まる．

直線 l 上の点 A の位置ベクトルを $\boldsymbol{a} = (a_1, a_2, a_3)$ とし，l に平行なベクトルを $\boldsymbol{v} = (v_1, v_2, v_3)$ とする．l 上の任意の点を $\mathrm{P} = (x, y, z)$ とすれば，

$$\overrightarrow{\mathrm{OP}} = \overrightarrow{\mathrm{OA}} + \overrightarrow{\mathrm{AP}}$$

が成り立つ．$\overrightarrow{\mathrm{AP}}$ は $\boldsymbol{v}$ に平行なので，$\overrightarrow{\mathrm{AP}} = t\boldsymbol{v}\,(t:$ 実数$)$ とおくことができ，

$$(x, y, z) = (a_1 + tv_1, a_2 + tv_2, a_3 + tv_3)$$

となる．

これを直線 l の**媒介変数表示**という．ここで t を消去すると

$$\frac{x - a_1}{v_1} = \frac{y - a_2}{v_2} = \frac{z - a_3}{v_3}$$

となり，これを**直線の方程式**という．

また，平面に垂直なベクトルを平面の**法線ベクトル**という．平面 π 上の1点を $\mathrm{A} = (a_1, a_2, a_3)$ とし，π 上の任意の点を $\mathrm{P} = (x, y, z)$ とする．すると，$\overrightarrow{\mathrm{AP}}$ は平面 π の法線ベクトル $\boldsymbol{n} = (a, b, c)$ に垂直なので，内積に関して

$$\overrightarrow{\mathrm{AP}} \cdot \boldsymbol{n} = (\overrightarrow{\mathrm{OP}} - \overrightarrow{\mathrm{OA}}) \cdot \boldsymbol{n} = 0$$

が成り立つため，これを成分で書き直すと

$$a(x - a_1) + b(y - a_2) + c(z - a_3) = 0$$

となる．これを**平面の方程式**という．平面の方程式の一般形は

$$ax + by + cz + d = 0$$

で，$\boldsymbol{n} = (a, b, c)$ は平面の法線ベクトルである．

次に，点 $\mathrm{Q}(x_0, y_0, z_0)$ から平面 $\pi : ax + by + cz + d = 0$ におろした垂線の長さを ℓ とすると，

$$\ell = \frac{|ax_0 + by_0 + cz_0 + d|}{\sqrt{a^2 + b^2 + c^2}}$$

により求めることができる．

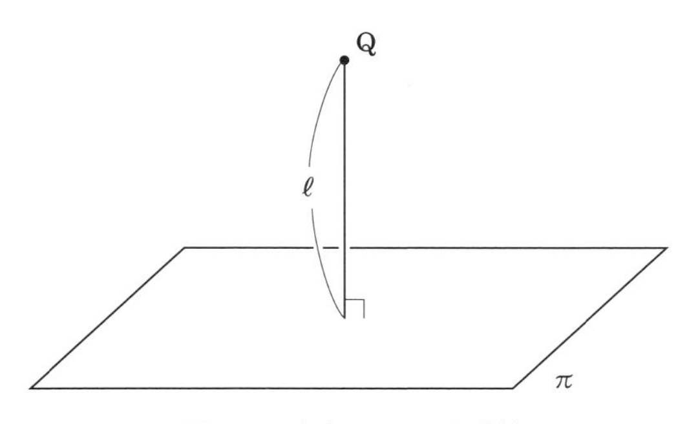

図 5.1 平面におろした垂線

例題 5.5 (1) 2 点 $\mathrm{A}(2,-3,4)$ と $\mathrm{B}(0,1,-1)$ を通る直線 ℓ の方程式を求めよ．

(2) 点 $\mathrm{A}(2,-3,4)$ を通り，$\boldsymbol{n}=(-1,1,-1)$ に垂直な平面 π の方程式を求めよ．

(3) 直線 ℓ と平面 π の交点を求めよ．

解 (1) $\overrightarrow{\mathrm{AB}}=(0,1,-1)-(2,-3,4)=(-2,4,-5)$ が ℓ の方向ベクトルになるので，ℓ の方程式は $\dfrac{x}{-2}=\dfrac{y-1}{4}=\dfrac{z+1}{-5}$ となる．

(2) $-(x-2)+y+3-(z-4)=0$ より，平面 π の方程式は $x-y+z=9$ となる．

(3) 直線 ℓ 上の点は $(x,y,z)=(-2t,4t+1,-5t-1)$ と表される．これを平面 π の式に代入して，$-11t=11$ より $t=-1$ を得る．よって，交点の座標は $(2,-3,4)$ である． □

最後に，球面の方程式および一般の 2 次曲面を紹介する．

球面：点 $\mathrm{C}=(c_1,c_2,c_3)$ を中心として半径 r の球面 S の任意の点を $\mathrm{P}=(x,y,z)$ とすると，$|\overrightarrow{\mathrm{CP}}|=r$ であるから，

$$(x-c_1)^2+(y-c_2)^2+(z-c_3)^2=r^2$$

が成り立つ．これを**球面の方程式**という．球面の方程式の一般形は

$$x^2+y^2+z^2+ax+by+cz+d=0$$

と書くことができるため，(同一平面上にはない) 空間の4点の座標が与えられれば，a, b, c, d が求まり，球面の方程式が定まる．

例題 5.6 直径の両端が $\mathrm{A}(1,3,5)$, $\mathrm{B}(7,9,11)$ の球面の方程式を求めよ．

解 中心は，AB の中点 $(4,6,8)$ であり，

$$\mathrm{AB}=\sqrt{(1-7)^2+(3-9)^2+(5-11)^2}=6\sqrt{3}$$

が直径の長さであることより，求める方程式は

$$(x-4)^2+(y-6)^2+(z-8)^2=27$$

となる．□

2次曲面：次に，xyz 空間における**2次曲面**の一般形は

$$ax^2+by^2+cz^2+dxy+eyz+fzx+lx+my+nz+g=0$$

で表される．$a=b=c$ のときは球面を表す．

$$\frac{x^2}{a^2}+\frac{y^2}{b^2}+\frac{z^2}{c^2}=1 \quad \text{の表す曲面を}\textbf{楕円面},$$
$$\frac{x^2}{a^2}+\frac{y^2}{b^2}-\frac{z^2}{c^2}=1 \quad \text{の表す曲面を}\textbf{1葉双曲面},$$
$$\frac{x^2}{a^2}+\frac{y^2}{b^2}-\frac{z^2}{c^2}=-1 \quad \text{の表す曲面を}\textbf{2葉双曲面}$$

という．さらに，

$$\frac{x^2}{a^2}+\frac{y^2}{b^2}=\frac{z^2}{c^2}$$ で表される曲面を**2次錐面**(または**楕円錐面**),

$$\frac{x^2}{a^2}+\frac{y^2}{b^2}=2z$$ で表される曲面を**楕円的放物面**,

$$\frac{x^2}{a^2}-\frac{y^2}{b^2}=2z$$ で表される曲面を**双曲的放物面**

という(図5.2, 次ページ).

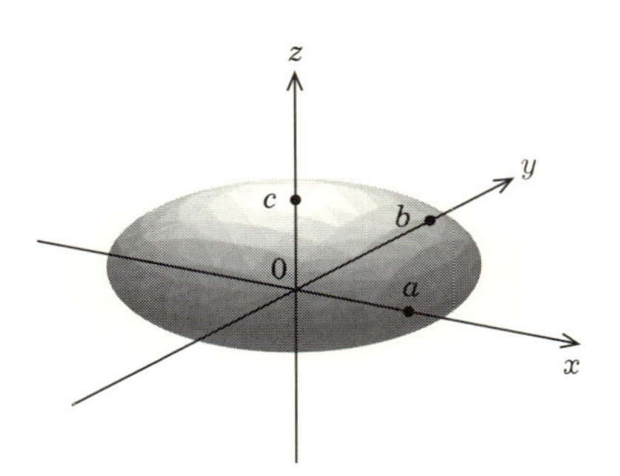

楕円面：$\dfrac{x^2}{a^2}+\dfrac{y^2}{b^2}+\dfrac{z^2}{c^2} = 1$

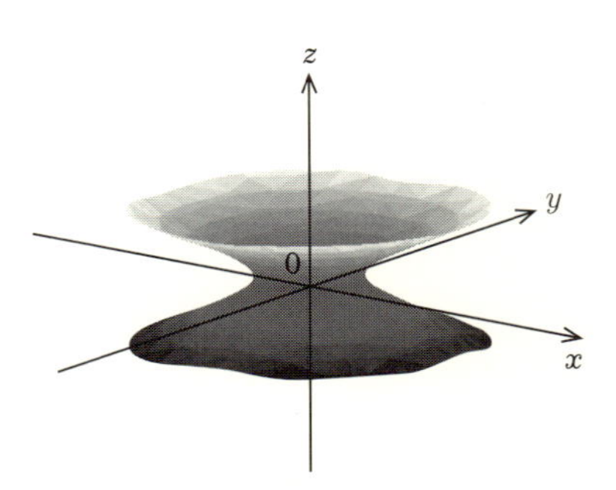

1 葉双曲面：$\dfrac{x^2}{a^2}+\dfrac{y^2}{b^2}-\dfrac{z^2}{c^2} = 1$

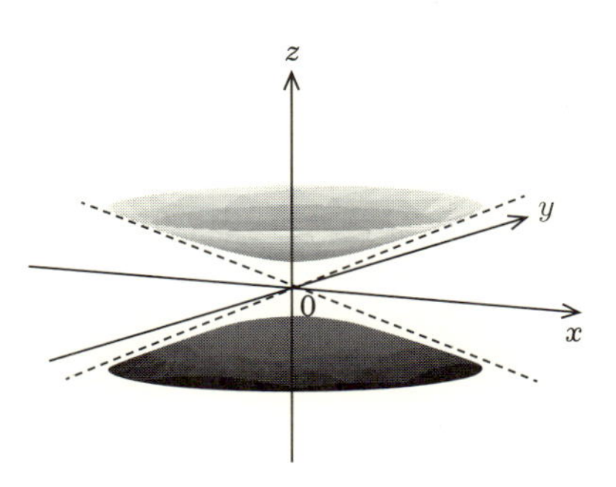

2 葉双曲面：$\dfrac{x^2}{a^2}+\dfrac{y^2}{b^2}-\dfrac{z^2}{c^2} = -1$

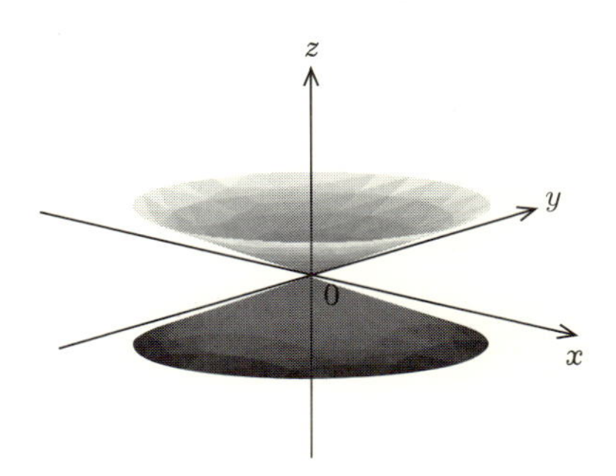

2 次錐面：$\dfrac{x^2}{a^2}+\dfrac{y^2}{b^2} = \dfrac{z^2}{c^2}$

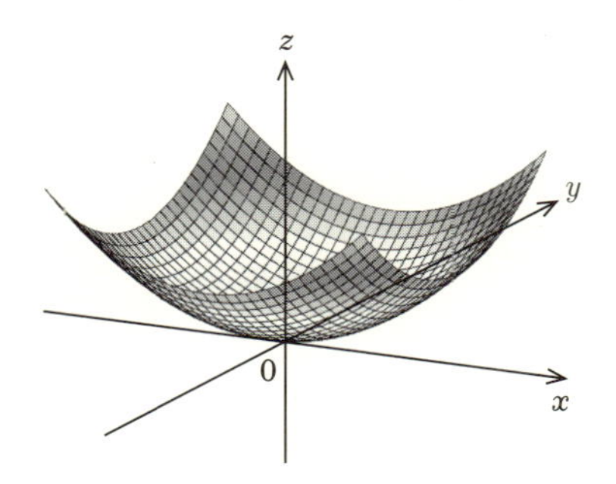

楕円的放物面：$\dfrac{x^2}{a^2}+\dfrac{y^2}{b^2} = 2z$

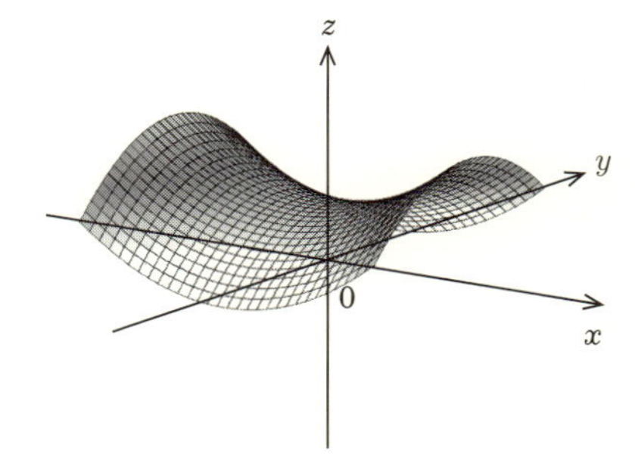

双曲的放物面：$\dfrac{x^2}{a^2}-\dfrac{y^2}{b^2} = 2z$

図 5.2　2 次曲面

演習問題

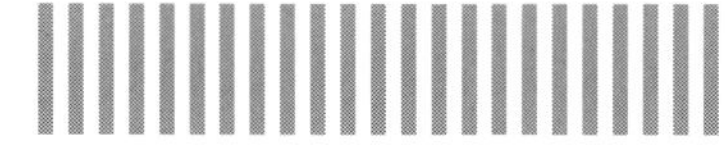

FIRST STEP

問 5.1 二つのベクトル $\boldsymbol{a} = (1, 3, -1)$, $\boldsymbol{b} = (0, 1, 2)$ に対して内積 $\boldsymbol{a} \cdot \boldsymbol{b}$ と外積 $\boldsymbol{a} \times \boldsymbol{b}$ を求めなさい.

問 5.2 行列式 $\begin{vmatrix} 2 & 1 & 3 & 1 \\ 0 & 2 & 1 & 0 \\ 0 & 0 & 4 & 0 \\ -1 & 0 & 3 & 2 \end{vmatrix}$ を求めなさい.

問 5.3 点 $(1, 2)$ を原点を中心に 90° 回転した点の座標を求めよ.

問 5.4 3 点 $(1, 1, 2)$, $(-1, 2, -3)$, $(3, 1, -1)$ を通る平面の方程式を求めよ.

SECOND STEP

問 5.5 二つのベクトル $\boldsymbol{a}$, $\boldsymbol{b}$ でつくられる三角形の面積が

$$\frac{1}{2}\sqrt{|\boldsymbol{a}|^2|\boldsymbol{b}|^2 - (\boldsymbol{a} \cdot \boldsymbol{b})^2}$$

であることを示せ.

問 5.6 空間ベクトル $\boldsymbol{a}$, $\boldsymbol{b}$ に対して, $\boldsymbol{a}$ と $\boldsymbol{a} \times \boldsymbol{b}$ が直交することを示せ.

問 5.7 行列 $\begin{pmatrix} 1 & 2 & 0 \\ 0 & 1 & 3 \\ 2 & 0 & -2 \end{pmatrix}$ の逆行列を求めよ.

問 5.8 直線 $\dfrac{x-1}{-1}=\dfrac{y-2}{4}=z+3$ と平面 $x-y+4z+3=0$ のなす角を求めよ．

問 5.9 二つの球面 $x^2+y^2+z^2+x-y+2z-1=0$, $x^2+y^2+z^2-2x+y-z-1=0$ の交わりの円と点 $(1,-1,0)$ を含む球面の方程式を求めよ．

THIRD STEP

問 5.10 三角形の3辺の長さ a, b, c が与えられたとき，その面積 S は

$$S=\sqrt{s(s-a)(s-b)(s-c)} \quad \left(s=\frac{a+b+c}{2}\right)$$

で定まる．これはヘロンの公式とよばれる．

そこで，問題．このヘロンの公式の空間ヴァージョンを考えていただこう．すなわち，四面体の6辺の長さ a, b, c, d, e, f が与えられたとき，その四面体の体積 V をこれらの長さで表す公式を求めてほしい．

COLUMN ⑤数学の良問

数学の勉強で大切なことは，良い問題でさまざまな解法や考え方を学ぶことである．良い問題とは，好奇心がそそられ，解いたあとに満足感を与えてくれるものである．一つの解法では満足できずにさらなる別解を探求したい，問題の拡張や一般化はどうなるかといった興味を喚起させてくれるものも良い問題である．とにかく解いてみて，「面白い！」と感じたらそれは間違いなく良問である．ただし，良い問題を普遍的に判断する方法が定まっているわけではない．良問か悪問かの判断は，それぞれの数学的センスに関わる部分である．読者の多くは受験勉強の中で，良問以外に，度を超えた難問や奇問にも出会った経験があるだろう．良問か悪問・奇問かの判定は一般に難しい．

際だった例を紹介しよう．1998 年に信州大学で出題された入試問題から．

「x, y, z を 0 でない整数として，もしも $x^3+y^3=z^3$ が成立しているならば，x, y, z のうち少なくとも一つは 3 の倍数であることを示せ．」

これが題意である．実際の出題問題は，1995 年にワイルスがテイラーとの共著論文でフェルマーの最終定理を解決した事実や背景にも触れている．実はこの問題

『入試数学　伝説の良問 100』安田亨著（講談社)

の問題 12 で，もちろん良問として引用されている．いっぽう，次の書では典型的な悪問として同じ問題が引用（62–63 ページ参照) されている：

『悪問だらけの大学入試』丹羽健夫著（集英社新書)

このように各々の数学的センスに基づいて判断が正反対に別れることもある．読者の皆さんはこの問題を良問，それとも悪問と判断されるだろうか？　敢えて著者らの見解は伏せておくので，読者自ら判断いただきたい．

ところで，本書の三段階の演習問題は著者らが良い問題として選りすぐった問題ばかりである．読者にとってはいかがだろうか？

第6章

数列と極限

ある規則にしたがって並んでいる数を**数列**といい，$a_1, a_2, a_3, \cdots, a_n, \cdots$ もしくは a_n などと表す．a_1 を初項，a_2 を第 2 項，a_3 を第 3 項，$\cdots$，a_n を第 n 項という．また，a_n を n の式で表したものを**一般項**という．

6.1　等差数列と等比数列および数列の和

数列 $\{a_n\}$ が与えられたとき，各項の和

$$a_1 + a_2 + \cdots + a_n + \cdots$$

を**無限級数** (または**級数**) といい，和の記号 $\sum$ を用いて $\sum_{n=1}^{\infty} a_n$ と表すこともある．この和において，初めの n 項の和

$$S_n = a_1 + a_2 + \cdots + a_n$$

を**第 n 部分和**という．

数列 $\{a_n\}$ が任意の n と定数 d に対して，

$$a_{n+1} - a_n = d$$

を満たすとき，この数列を**等差数列**といい，d を**公差**という．初項 a，公差 d の等差数列に関して，一般項 a_n と第 n 項までの和 S_n に対して，

$$a_n = a + (n-1)d, \qquad S_n = \frac{1}{2}n\{2a + (n-1)d\} = \frac{1}{2}n(a + a_n)$$

が成り立つ.

例題 6.1 $a_1 = 5,\ a_4 = 14$ である等差数列に対して, $a_n = 140$ となる n を求めよ.

解 $a_4 = 5 + 3d = 14$ より $d = 3$ を得るため, $a_n = 5 + 3(n-1) = 140$ を解いて, $n = 46$ を得る. □

数列 $\{a_n\}$ が任意の n と定数 r に対して,

$$a_{n+1} = ra_n$$

を満たすとき, この数列を**等比数列**といい, r を**公比**という. 初項 a, 公比 $r \neq 1$ の等比数列に関して, 一般項 a_n と第 n 項までの和 S_n に対して,

$$a_n = ar^{n-1},$$

$$S_n = a + ar + \cdots + ar^{n-1} \ \left(= \sum_{k=1}^{n} ar^{k-1} \right) = \frac{a(1-r^n)}{1-r}$$

が成り立つ.

例題 6.2 $a_1 = 32,\ a_6 = 1$ である等比数列の公比 r と a_{10} を求めよ.

解 $a_6 = 32r^5 = 1$ なので, $r^5 = \dfrac{1}{32}$ より, $r = \dfrac{1}{2}$ を得る. また, $a_{10} = 32 \cdot \left(\dfrac{1}{2}\right)^9 = \dfrac{1}{2^4} = \dfrac{1}{16}$ となる. □

次に, いろいろな数列の和の公式を紹介する.

(1) $1 + 2 + \cdots + n = \dfrac{n(n+1)}{2} = \displaystyle\sum_{k=1}^{n} k$

(2) $1^2 + 2^2 + \cdots + n^2 = \dfrac{n(n+1)(2n+1)}{6} = \displaystyle\sum_{k=1}^{n} k^2$

(3) $1^3 + 2^3 + \cdots + n^3 = \left\{\dfrac{n(n+1)}{2}\right\}^2 = \displaystyle\sum_{k=1}^{n} k^3$

(4)　$1^4+2^4+\cdots+n^4=\dfrac{n(n+1)(2n+1)(3n^2+3n-1)}{30}=\sum_{k=1}^{n}k^4$

一般には，数列

$$1^m,\ 2^m,\ 3^m,\ \cdots,\ n^m,\ \cdots$$

の第 n 項までの和は，次の等式により帰納的に計算される：

$$\sum_{k=1}^{n}k^m=\frac{1}{m+1}\left\{(n+1)^{m+1}-1-\sum_{j=0}^{m-1}\binom{m+1}{j}\sum_{k=1}^{n}k^j\right\}.$$

例えば，$m=5$ のとき

$$\begin{aligned}\sum_{k=1}^{n}k^5&=\frac{1}{6}\left\{(n+1)^6-1-\sum_{j=0}^{4}\binom{6}{j}\sum_{k=1}^{n}k^j\right\}\\&=\frac{n^2(n+1)^2(2n^2+2n-1)}{12}\end{aligned}$$

となる.

次に，$\sum$ の性質について述べる．$\sum$ が関わる計算するときに，次の性質は基本である：

(1)　$\sum_{k=1}^{n}(a_k\pm b_k)=\sum_{k=1}^{n}a_k\pm\sum_{k=1}^{n}b_k$　　(複号同順)

(2)　$\sum_{k=1}^{n}ca_k=c\sum_{k=1}^{n}a_k,\quad\sum_{k=1}^{n}c=nc$　　(c：定数)

例題 6.3　$\sum_{k=1}^{n}4^{n-k}2^k=992$ を満たす自然数 n を求めよ.

解　まずは左辺を計算すると

$$\begin{aligned}\sum_{k=1}^{n}4^{n-k}2^k&=4^n\sum_{k=1}^{n}2^{-2k}2^k=4^n\sum_{k=1}^{n}\left(\frac{1}{2}\right)^k\\&=4^n\cdot\frac{\frac{1}{2}\left\{1-\left(\frac{1}{2}\right)^n\right\}}{1-\frac{1}{2}}\end{aligned}$$

$$= 4^n \left\{1 - \left(\frac{1}{2}\right)^n\right\} = 2^{2n} - 2^n$$

となるので，$X = 2^n > 0$ とおくと，$X^2 - X = 992$ が得られる．因数分解して，$(X - 32)(X + 31) = 0$ より $X = 2^5$ を得るので，$n = 5$ となる．□

6.2　漸化式の解法

数列の隣り合う数項の関係式を一般的に表した式を**漸化式**という．例えば，漸化式

$$a_{n+1} - a_n = d$$

は，先にみた公差 d の等差数列を表し，漸化式

$$a_{n+1} = ra_n$$

は公比 r の等比数列を表す．漸化式から，一般項 a_n を求めることを**漸化式を解く**という．実際に漸化式を解くのは，新しい数列をつくりなおして，等差数列や等比数列の場合に帰着させる．

次に，隣接 2 項間漸化式の解法を紹介する．

(1)　$a_{n+1} - a_n = f(n)$ (**階差数列**)：$a_n = a_1 + \sum_{k=1}^{n-1} f(k) \quad (n \geqq 2)$.

(2)　$a_{n+1} = pa_n + q \ (p \neq 1)$：特性方程式 $x = px + q$ を解くと，$x = \dfrac{q}{1-p}$ なので，漸化式が

$$a_{n+1} - \frac{q}{1-p} = p\left(a_n - \frac{q}{1-p}\right)$$

と変形できて，$b_n = a_n - \dfrac{q}{1-p}$ とおくと，数列 $\{b_n\}$ は公比 p の等比数列になる．

(3)　$a_{n+1} = \dfrac{ra_n}{pa_n + q}$：漸化式の両辺の逆数をとって，$b_n = \dfrac{1}{a_n}$ とおくと，

$$b_{n+1} = \frac{q}{r}b_n + \frac{p}{r}$$

となり，(2) の型に帰着される．

(4)　$a_{n+1} = qa_n^p$　$(a_n > 0,\ q > 0)$：漸化式の両辺の対数をとり，$b_n = \log a_n$ とおくと，

$$b_{n+1} = pb_n + \log q$$

となり，(2) の型に帰着される．

(5)　$a_{n+1} = \dfrac{pa_n + q}{ra_n + s}$　$(q \neq 0)$：方程式 $x = \dfrac{px + q}{rx + s}$ の解 α, β を求めて，$a_{n+1} - \alpha$, $a_{n+1} - \beta$ を調べることによって，等比数列あるいは等差数列に帰着させる．

次に，隣接 3 項間漸化式の解法を紹介する．

$a_{n+2} + pa_{n+1} + qa_n = 0$　$(pq \neq 0)$：特性方程式 $x^2 + px + q = 0$ の解 α, β を求めて

$$\begin{cases} a_{n+2} - \alpha a_{n+1} = \beta(a_{n+1} - \alpha a_n) \\ a_{n+2} - \beta a_{n+1} = \alpha(a_{n+1} - \beta a_n) \end{cases} \tag{$*$}$$

と変形する．

(1)　$\alpha \neq \beta$ のとき，数列 $\{a_{n+1} - \alpha\}$, $\{a_{n+1} - \beta a_n\}$ は，それぞれ公比 β, α の等比数列であることから

$$a_{n+1} - \alpha a_n = (a_2 - \alpha a_1)\beta^{n-1},$$
$$a_{n+1} - \beta a_n = (a_2 - \beta a_1)\alpha^{n-1}$$

となるので，辺々引き算して，一般項は

$$a_n = \frac{(a_2 - \alpha a_1)\beta^{n-1} - (a_2 - \beta a_1)\alpha^{n-1}}{\beta - \alpha}$$

となる．

(2)　$\alpha = \beta$ のとき，漸化式 $(*)$ の両辺を α^{n+2} で割ると，

$$\frac{a_{n+2}}{\alpha^{n+2}} - \frac{a_{n+1}}{\alpha^{n+1}} = \frac{a_{n+1}}{\alpha^{n+1}} - \frac{a_n}{\alpha^n}$$

となり，$b_n = \dfrac{a_n}{\alpha^n}$ とおくと，

$$b_{n+2} - b_{n+1} = b_{n+1} - b_n$$

となるので，数列 $\{b_n\}$ は初項 $b_1 = \dfrac{a_1}{\alpha}$，公差 $b_2 - b_1 = \dfrac{a_2}{\alpha^2} - \dfrac{a_1}{\alpha}$ の等差数列を表す．これより一般項は

$$a_n = a_1\alpha^{n-1} + (a_2 - a_1\alpha)\alpha^{n-2}(n-1)$$

となる．

次に，いろいろな数列を紹介する．漸化式

$$a_1 = 1, \quad a_2 = 1, \quad a_{n+2} = a_{n+1} + a_n$$

で与えられる数列 $\{a_n\}$ を**フィボナッチ数列**という．方程式 $x^2 = x + 1$ の解は $x = \dfrac{1 \pm \sqrt{5}}{2}$ なので，一般項は

$$a_n = \frac{\sqrt{5}}{5}\left\{\left(\frac{1+\sqrt{5}}{2}\right)^n - \left(\frac{1-\sqrt{5}}{2}\right)^n\right\}$$

となる．

逆数が等差数列となる数列を**調和数列**という．一般項 a_n は

$$a_n = \frac{1}{a + (n-1)d} \qquad \left(d = \frac{1}{a_{n+1}} - \frac{1}{a_n}\right)$$

となる．

次に一般項を求めるときなどによく使われる，数学的帰納法という証明方法を紹介する．

自然数 n に関する命題 $P(n)$ について

(1) $P(1)$ が成り立つ．

(2) $P(k)$ (あるいは $P(2), \cdots, P(k)$) が成り立つと仮定して，$P(k+1)$ が成り立つ．

この二つのことが証明されれば，すべての自然数 n について，命題 $P(n)$ は成り立つと結論される．このような証明方法を**数学的帰納法**という．

例題 6.4 自然数 n に対して，次の等式

$$(1+\sqrt{3})^n = a_n + b_n\sqrt{3}$$

により整数 a_n, b_n を定めるとき，a_n, b_n を求めよ．

解

$$\begin{aligned} a_{n+1} + b_{n+1}\sqrt{3} &= (1+\sqrt{3})^{n+1} \\ &= (1+\sqrt{3})(a_n + b_n\sqrt{3}) = a_n + 3b_n + (a_n + b_n)\sqrt{3} \end{aligned}$$

より，$\sqrt{3}$ は無理数なので，連立漸化式

$$a_{n+1} = a_n + 3b_n, \qquad b_{n+1} = a_n + b_n$$

を得る．

そこで，$(1-\sqrt{3})^n = a_n - b_n\sqrt{3}$ が成り立つことを数学的帰納法で示す．$a_1 = b_1 = 1$ であることから，$n = 1$ のときは明らかに正しい．次に，$(1-\sqrt{3})^k = a_k - b_k\sqrt{3}$ が成り立つと仮定すると，

$$(1-\sqrt{3})^{k+1} = (1-\sqrt{3})(a_k - b_k\sqrt{3}) = a_k + 3b_k - (a_k + b_k)\sqrt{3}$$

より，$n = k+1$ のときも正しいので，すべての自然数 n について正しいことがわかる．そこで

$$(1+\sqrt{3})^n = a_n + b_n\sqrt{3}, \qquad (1-\sqrt{3})^n = a_n - b_n\sqrt{3}$$

の辺々を足したり，引いたりすることによって

$$\begin{aligned} a_n &= \frac{1}{2}\left\{(1+\sqrt{3})^n + (1-\sqrt{3})^n\right\}, \\ b_n &= \frac{1}{2\sqrt{3}}\left\{(1+\sqrt{3})^n - (1-\sqrt{3})^n\right\} \end{aligned}$$

が得られる．

別解：ところで，上の連立漸化式は，行列を用いて

$$\begin{aligned} \begin{pmatrix} a_{n+1} \\ b_{n+1} \end{pmatrix} &= \begin{pmatrix} 1 & 3 \\ 1 & 1 \end{pmatrix} \begin{pmatrix} a_n \\ b_n \end{pmatrix} = \begin{pmatrix} 1 & 3 \\ 1 & 1 \end{pmatrix}^2 \begin{pmatrix} a_{n-1} \\ b_{n-1} \end{pmatrix} \\ &= \cdots = \begin{pmatrix} 1 & 3 \\ 1 & 1 \end{pmatrix}^n \begin{pmatrix} a_1 \\ b_1 \end{pmatrix} \end{aligned}$$

と書けるため，

$$\begin{pmatrix} a_n \\ b_n \end{pmatrix} = \begin{pmatrix} 1 & 3 \\ 1 & 1 \end{pmatrix}^{n-1} \begin{pmatrix} 1 \\ 1 \end{pmatrix} = \frac{1}{2\sqrt{3}} \begin{pmatrix} \sqrt{3}\left\{(1+\sqrt{3})^n + (1-\sqrt{3})^n\right\} \\ (1+\sqrt{3})^n - (1-\sqrt{3})^n \end{pmatrix}$$

により解くこともできる． □

6.3 極限値

数列 $\{a_n\}$ において，n が限りなく大きくなるにつれて，a_n が一定の値 α に近づくとき，数列 $\{a_n\}$ は α に**収束する**といい，α のことを数列 $\{a_n\}$ の**極限値**という．これを

$$\lim_{n\to\infty} a_n = \alpha$$

と書く．

数列 $\{a_n\}$ が収束しないとき，**発散する**という．発散する数列は，(正または負) の無限大に発散する場合と振動する場合の 2 通りがある．

数列が収束する場合には，一般項の四則演算による極限値がもともとの数列の極限値の四則演算に一致するという良い性質がある．つまり，数列 $\{a_n\}$, $\{b_n\}$ が収束して，$\lim_{n\to\infty} a_n = \alpha$, $\lim_{n\to\infty} b_n = \beta$ であるとき

(1) $\lim_{n\to\infty} (p\,a_n + q\,b_n) = p\,\alpha + q\,\beta \qquad (p,\ q:\text{定数})$

(2) $\lim_{n\to\infty} a_n b_n = \alpha\beta, \qquad \lim_{n\to\infty} \dfrac{a_n}{b_n} = \dfrac{\alpha}{\beta} \qquad (b_n \neq 0,\ \beta \neq 0)$

が成り立つ．ここでは，数列がともに収束するという条件が重要である．

極限が $\pm\infty$ となる場合は，上のような法則は一般に成立しない．例えば，短絡的に $\infty - \infty = 0$ などとしてはいけない．一般に $\infty - \infty = 0$ は成り立たない[1]．

次の二つの事実も重要である：

- 無限級数 $\sum_{n=1}^{\infty} a_n$ が収束するならば，$\lim_{n\to\infty} a_n = 0$.

1] ‘無限を扱う数学’ は一般に難しいのが常である．四則演算の一般に成り立たない，無限に関わる対象を考察するのが『微分積分学』ひいては『解析学』の重要な研究目的の一つともいえる．

- 無限数列 $\{a_n\}$ が 0 に収束しなければ，無限級数 $\sum_{n=1}^{\infty} a_n$ は発散する．

例題 6.5 数列 $\{a_n\}$ が漸化式 $a_{n+1} = \frac{2}{3}a_n + 3$ によって定まるとき，$\lim_{n\to\infty} a_n$ を求めよ．

解 $a_{n+1} - 9 = \frac{2}{3}(a_n - 9)$ と変形でき，$a_n - 9 = \left(\frac{2}{3}\right)^{n-1}(a_1 - 9)$ より，

$$\lim_{n\to\infty} a_n = \lim_{n\to\infty} \left(\frac{2}{3}\right)^{n-1}(a_1 - 9) + 9 = 9$$

が得られる．□

6.4　無限級数

初項 $a \neq 0$，公比 r の等比数列に対して，無限級数 $\sum_{n=1}^{\infty} a_n$ を**無限等比級数**という．$|r| < 1$ ならば無限等比級数は収束し

$$\sum_{n=1}^{\infty} ar^{n-1} = \lim_{n\to\infty} \frac{a(1-r^n)}{1-r} = \frac{a}{1-r}$$

であるが，$|r| \geqq 1$ ならば発散する．

例えば，

$$\sum_{n=0}^{\infty} \frac{1}{5^n} \cos n\pi = \sum_{n=0}^{\infty} \left(-\frac{1}{5}\right)^n = \frac{1}{1-\left(-\frac{1}{5}\right)} = \frac{5}{6},$$

$$\sum_{n=0}^{\infty} \frac{1}{7^n} \sin \frac{n\pi}{2} = \sum_{n=0}^{\infty} \frac{(-1)^n}{7^{2n+1}} = \frac{1}{7}\sum_{n=0}^{\infty} \left(-\frac{1}{49}\right)^n = \frac{7}{50}$$

と求めることができる．

演習問題

FIRST STEP

問 6.1　第 31 項が 26，第 43 項が 50 である等差数列について次の問いに答えよ．

(1)　第 90 項を求めよ．　(2)　正の項の最小の項数を求めよ．

(3)　すべての負の項の和を求めよ．

問 6.2　公比 -2，末項 192，その和は 129 である等比数列の初項と項数を求めよ．

問 6.3　漸化式 $a_{n+1} = \dfrac{1}{3}a_n + 2$，$a_1 = 1$ を満たす数列の一般項を求めよ．

問 6.4　次の極限を求めよ．

(1)　$\displaystyle\lim_{n\to\infty} \frac{3n^2+2n+1}{2n^2-n+3}$　(2)　$\displaystyle\lim_{n\to\infty} \frac{3n^2+2n+1}{2n-1}$

(3)　$\displaystyle\lim_{n\to\infty} \frac{3n^2+2n+1}{n^3+2n^2-n+3}$

SECOND STEP

問 6.5　数列 1^2，4^2，7^2，10^2，13^2，$\cdots$ の初項から第 n 項までの和を求めよ．

問 6.6　数列 2，6，13，23，36，52，$\cdots$ の一般項を求めよ．

問 6.7　級数 $\dfrac{1}{1\cdot 2} + \dfrac{1}{3\cdot 4} + \dfrac{1}{5\cdot 6} + \cdots$ の収束・発散を判定せよ．

問 6.8　$0.\dot{3}2\dot{1} = \dfrac{107}{333}$ を示せ．

問 6.9 極限 $\displaystyle\lim_{x\to-\infty}\frac{1}{\sqrt{x^2-2x}+x}$ を求めよ．

THIRD STEP

問 6.10 次の無限級数を求めることを考えてみる：

$$S=\sum_{n=1}^{\infty}\frac{1}{n^2}=1+\frac{1}{2^2}+\frac{1}{3^2}+\frac{1}{4^2}+\frac{1}{5^2}+\cdots.$$

最初の 5 項までの部分和を計算してみると，

$$S>1+\frac{1}{4}+\frac{1}{9}+\frac{1}{16}+\frac{1}{25}=1.4636111\cdots$$

を得る．一方，

$$\sum_{n=2}^{\infty}\frac{1}{n^2-\frac{1}{4}}=\sum_{n=2}^{\infty}\left(\frac{2}{2n-1}-\frac{2}{2n+1}\right)=\lim_{n\to\infty}\left(\frac{2}{3}-\frac{2}{2n+1}\right)=\frac{2}{3}$$

となるため，

$$S<1+\sum_{n=2}^{\infty}\frac{1}{n^2-\frac{1}{4}}=1+\frac{2}{3}=\frac{5}{3}=1.666\cdots$$

を得る．

ところで，S を求めることに最初に成功したのがオイラーで，1735 年頃のことである．オイラーの得た結果は，

$$S=\frac{\pi^2}{6}=1.644934067\cdots$$

である．数列の一般項 $a_n=\dfrac{1}{n^2}$ を見ただけでは，無限級数 $S=\displaystyle\sum_{n=1}^{\infty}a_n$ に円周率 π が現れるとはとうてい想像がつかないだろう．

現代数学を研究してゆくとさまざまな分野で次の無限級数 (s を変数とみて，**ゼータ関数**とよぶ) が基本的な役割を果たすことがわかってきている：

$$\zeta(s)=\sum_{n=1}^{\infty}\frac{1}{n^s}=1+\frac{1}{2^s}+\frac{1}{3^s}+\frac{1}{4^s}+\frac{1}{5^s}+\cdots. \tag{6.1}$$

オイラーは $s=2$ のときの値を求めたあと，s が一般に偶数の場合に無限級数 $\zeta(2m)$ を求めることに成功した．

さて，そこで問題．第 4 章の問 4.10 で求めた (4.3) を利用して，$\zeta(2)$, $\zeta(4)$ および $\zeta(6)$ の値を求めよ．

COLUMN　⑥「問題を解く」ということ

受験勉強では，問題集でできるだけ多くの演習問題や過去問を解く，というのが受験生の方策ですね．「傾向と対策」という観点から，できるだけ多くの問題を解いておくのは大変良い方法です．しかし，それだけでは真の数学的洞察力は養われません．勉強というのは，やみくもに机の前にかじりついてするのがすべてではありません．時には，一つの難しい問題を選んで，解けなくても一生懸命に考えるというのは，数学的な力を増し加える上で重要な役割を果たします．さまざまな角度から考察をすると，たとえ目の前の問題が解けなくても別の問題に活かされる，というのは数学ではよくあることです．

解けなければ，机を離れて近所を散歩しながら問題の解法の想を練る，あるいは思索に耽るというのもきわめて良い方法であると思われます．しかし，思索に集中するあまり，周りの状況が見えなくなるという失敗にはできるだけ気をつけてください．

余談ですが，筆者の一人が大学院生の頃のある雨の日のことでした．雨の中，傘を差しながら数学の問題を考えていました．問題の考察に熱中するあまり，地下街の人混みを半ばまで（気づかず）傘を差したまま歩いていました．そのうち周りの人が不思議そうに振り返り，凝視する仕草に気がついて，気まずい思いをしたという経験があります．読者はくれぐれも真似をなさらないでください．

第7章

微分法とその応用

本節では微分法について紹介する．微積分は物理などでも欠かせない手法である．

7.1　関数の極限と連続

関数 $f(x)$ が，x が a と異なる値をとりながら限りなく a に近づくときに，$f(x)$ が一定の値 b に限りなく近づくならば

$$\lim_{x \to a} f(x) = b$$

と表し，b を $x \to a$ のときの $f(x)$ の**極限値**といい，$f(x)$ は b に**収束する**という．収束しないとき，例えば

$$\text{(i)} \quad \lim_{x \to 0} \frac{1}{x^2} = \infty \qquad \text{(ii)} \quad \lim_{x \to 0} \frac{-1}{x^4} = -\infty$$

であるとき，どちらも極限は存在するが，$\pm\infty$ というのは値ではないため極限値とはいわない．(i) の場合は**正の無限大に発散する**といい，(ii) は**負の無限大に発散する**という．

また，変数 x が a に限りなく近づくとき

- a より大きい値をとりながら近づく場合：$x \to a + 0$
- a より小さい値をとりながら近づく場合：$x \to a - 0$

と書く．特に，$a = 0$ のときは $x \to +0$, $x \to -0$ などと書く．

極限の計算をする際に，次の事実は重要である：α, β を定数とし，$\lim_{x \to a} f(x) = \alpha$，$\lim_{x \to a} g(x) = \beta$ であるならば，

(1) $\lim_{x \to a} \{pf(x) + qg(x)\} = p\alpha + q\beta$ （p，q は定数）

(2) $\lim_{x \to a} f(x)g(x) = \alpha\beta$

(3) $\lim_{x \to a} \dfrac{f(x)}{g(x)} = \dfrac{\alpha}{\beta}$ （ただし，$\beta \neq 0$）

(4) $f(x) \leqq g(x)$ ならば，$\alpha \leqq \beta$

(5) $f(x) \leqq h(x) \leqq g(x)$ かつ $\alpha = \beta$ ならば，$\lim_{x \to a} h(x) = \alpha$

収束する関数の極限に対して，それらの関数の定数倍や四則演算は，極限の定数倍や四則演算で求まるという，実際の計算上大変便利な性質をもっていることになる．(5) は関数の場合の「はさみうちの原理」である．これらのことは $x \to \infty$，$-\infty$ のときにも成り立つ．

$\lim_{x \to a} \dfrac{f(x)}{g(x)}$ において，$f(a) = g(a) = 0$ である場合を**不定形の極限**といい，形式的に $\dfrac{0}{0}$ と書く．他にも形式的に，

$$\frac{\infty}{\infty}, \quad 0 \times \infty, \quad \infty - \infty, \quad \infty^0, \quad 0^0, \quad 1^\infty$$

などの**不定形の極限**がある．

不定形の極限を求めるには，式の変形をする工夫が必要である．分数関数の場合は，分母の最高次の項で分母・分子を割る，約分をする，分母・分子の有理化などの方法がある．整式であれば，最高次の項をくくりだす，無理関数であれば，分子の有理化などの方法が有効である．

例えば，

$$\begin{aligned}
&\lim_{x \to \infty} \sqrt{x}\left(\sqrt{3x+1} - \sqrt{3x-1}\right) \\
&= \lim_{x \to \infty} \frac{\sqrt{x}\left(\sqrt{3x+1} - \sqrt{3x-1}\right)\left(\sqrt{3x+1} + \sqrt{3x-1}\right)}{\sqrt{3x+1} + \sqrt{3x-1}} \\
&= \lim_{x \to \infty} \frac{2\sqrt{x}}{\sqrt{3x+1} + \sqrt{3x-1}}
\end{aligned}$$

$$= \lim_{x\to\infty} \frac{2}{\sqrt{3+\frac{1}{x}}+\sqrt{3-\frac{1}{x}}} = \frac{1}{\sqrt{3}}$$

のように計算できる．

不定形 $\frac{0}{0}$, $\frac{\infty}{\infty}$ の極限の求め方：さらに，$\lim_{x\to a} f(x) = 0$, $\lim_{x\to a} g(x) = 0$ のとき，または $\lim_{x\to a} f(x) = \pm\infty$, $\lim_{x\to a} g(x) = \pm\infty$ のとき，極限値 $\lim_{x\to a} \frac{f'(x)}{g'(x)}$ が存在するならば

$$\lim_{x\to a} \frac{f(x)}{g(x)} = \lim_{x\to a} \frac{f'(x)}{g'(x)}$$

が成り立つ．これを**ロピタルの定理**という．例えば，ロピタルの定理を繰り返し用いて

$$\lim_{x\to\infty} \frac{x^n}{e^x} = \lim_{x\to\infty} \frac{nx^{n-1}}{e^x} = \cdots = \lim_{x\to\infty} \frac{n!}{e^x} = 0 \tag{7.1}$$

となる．

関数 $f(x)$ に関して

$$\lim_{x\to a} f(x) = f(a)$$

が成り立つとき，$f(x)$ は $x = a$ で**連続である**といい，そうでないとき**不連続である**という．任意の a で連続であるとき，$f(x)$ を**連続関数**という．上の等式は，極限が存在して，それが $f(a)$ に一致するという意味である．本節の冒頭で採用した極限の定義は直観的なものである．よって，ここでの連続性の定義も直観的なものとなる．

例題 7.1 関数 $f(x) = \begin{cases} \frac{x^2}{|x|} & (x \neq 0) \\ 0 & (x = 0) \end{cases}$ の連続性を調べよ．

解 $f(x)$ は $x \neq 0$ では連続であることから，$x = 0$ での連続性を調べるだけである．

$$\lim_{x\to+0} f(x) = \lim_{x\to+0} \frac{x^2}{|x|} = \lim_{x\to+0} \frac{x^2}{x} = \lim_{x\to+0} x = 0$$

$$\lim_{x\to-0} f(x) = \lim_{x\to-0} \frac{x^2}{|x|} = \lim_{x\to-0} \frac{x^2}{-x} = \lim_{x\to+0} (-x) = 0$$

よって，いずれにしても $\lim_{x\to 0} f(x) = 0 = f(0)$ が成り立つため，$f(x)$ はすべての実数において連続である． □

7.2 微分係数と導関数

関数 $y = f(x)$ が与えられたとき，定数 a に対して次の極限が存在するとき，$x = a$ における**微分係数**といい，$f'(a)$ と書く：

$$f'(a) = \lim_{h\to 0} \frac{f(a+h) - f(a)}{h} = \lim_{x\to a} \frac{f(x) - f(a)}{x - a}.$$

ここで，2 番目の等号で $x = a + h$ とおいている．

さらに，任意の実数 x に対して次の極限が存在するとき，$f(x)$ の**導関数**といい，$f'(x)$ と書く：

$$f'(x) = \lim_{h\to 0} \frac{f(x+h) - f(x)}{h}.$$

導関数 $f'(x)$ を求めることを関数を**微分する**といい，導関数が存在するとき，$f(x)$ は変数 x に関して**微分可能**という．導関数はさまざまな書き方がある：

$$f'(x) = y' = \frac{dy}{dx} = \frac{d}{dx} f(x) = \{f(x)\}'.$$

例えば，$f(x) = x^2$ のとき

$$\begin{aligned} f'(x) &= \lim_{h\to 0} \frac{f(x+h) - f(x)}{h} \\ &= \lim_{h\to 0} \frac{(x+h)^2 - x^2}{h} = \lim_{h\to 0} \frac{2xh + h^2}{h} \\ &= \lim_{h\to 0} (2x + h) = 2x \end{aligned}$$

となる．

7.3 いろいろな関数の微分

与えられた関数の微分を求めるときに基本となる事項をここで整理しておく：

(1) $(c)' = 0, \quad \{cf(x)\}' = cf'(x) \quad (c : \text{定数})$ **(定数倍の微分)**

(2) $\{f(x) \pm g(x)\}' = f'(x) \pm g'(x)$ (複号同順) **(和・差の微分)**

(3) $\{f(x)g(x)\}' = f'(x)g(x) + f(x)g'(x)$ **(積の微分)**

(4) $\left\{\dfrac{f(x)}{g(x)}\right\}' = \dfrac{f'(x)g(x) - f(x)g'(x)}{\{g(x)\}^2} \quad (g(x) \neq 0)$ **(商の微分)**

関数 $y = f(x)$, $x = g(t)$ が微分可能ならば，これらの合成関数 $y = f(g(t))$ は変数 t に関して微分可能で，その導関数が次の式で求められる：

$$\frac{dy}{dt} = \frac{dy}{dx}\frac{dx}{dt} \quad \text{または} \quad \{f(g(t))\}' = f'(x)g'(t).$$

応用として，関数 $y = f(x)\,(\neq 0)$ が微分可能ならば，$\log|y|$ も微分可能なので，合成関数の微分より

$$(\log|y|)' = \frac{y'}{y} \quad \text{すなわち} \quad y' = (\log|y|)'\,y$$

となる．これを**対数微分法**という．例えば，$y = x^x\ (x > 0)$ のとき，両辺の対数をとると，$\log y = x\log x$ となるので，両辺を x で微分すると，$\dfrac{y'}{y} = \log x + x \cdot \dfrac{1}{x} = \log x + 1$ を得る．したがって，$y' = (\log x + 1)x^x$ となる．

次に，基本的な関数の導関数を紹介する．

(1) $(x^\alpha)' = \alpha x^{\alpha-1} \quad (\alpha : \text{実数})$

(2) $(\sin x)' = \cos x, \quad (\cos x)' = -\sin x$ **(三角関数の微分)**

(3) $(e^x)' = e^x, \quad (a^x)' = a^x \log a$ **(指数関数の微分)**

(4) $(\log x)' = \dfrac{1}{x}$ **(対数関数の微分)**

例題 7.2 次の関数の導関数を求めよ．

(1) e^{-x^2}　(2) $e^x \sin x$　(3) $\log(x+\sqrt{1+x^2})$

(4) $\dfrac{1}{1-\cos x}$　(5) $\log(\sin x)$　(6) $\dfrac{x}{1+x^2}$

解 (1) $\left(e^{-x^2}\right)' = (-x^2)' e^{-x^2} = -2xe^{-x^2}$.

(2) $(e^x \sin x)' = e^x \sin x + e^x \cos x$.

(3) $$\{\log(x+\sqrt{1+x^2})\}' = \frac{(x+\sqrt{1+x^2})'}{x+\sqrt{1+x^2}} = \frac{1+\dfrac{x}{\sqrt{1+x^2}}}{x+\sqrt{1+x^2}} = \frac{1}{\sqrt{1+x^2}}.$$

(4) $$\left(\frac{1}{1-\cos x}\right)' = \frac{-(1-\cos x)'}{(1-\cos x)^2} = \frac{-\sin x}{(1-\cos x)^2}.$$

(5) $$\{\log(\sin x)\}' = \frac{(\sin x)'}{\sin x} = \frac{\cos x}{\sin x} = \cot x.$$

(6) $$\left(\frac{x}{1+x^2}\right)' = \frac{1+x^2-x(1+x^2)'}{(1+x^2)^2} = \frac{1-x^2}{(1+x^2)^2}.$$

次に，逆三角関数・双曲線関数とその微分法を紹介する．

定義域 $-\frac{\pi}{2} \leqq x \leqq \frac{\pi}{2}$ で $y=\sin x$ の逆関数を考え，$y=\sin^{-1} x$ で表し，**逆正弦関数**という．また，定義域 $0 \leqq x \leqq 2\pi$ で $y=\cos x$ の逆関数を考え，$y=\cos^{-1} x$ で表し，**逆余弦関数**という．さらに，定義域 $-\frac{\pi}{2} < x < \frac{\pi}{2}$ で $y=\tan x$ の逆関数を考え，$y=\tan^{-1} x$ で表し，**逆正接関数**という．これらを総称して**逆三角関数**という．$\sin^{-1} x \neq (\sin x)^{-1}$ に注意する．逆余弦・逆正接関数についても同様である．それぞれ，アークサイン，アークコサイン，アークタンジェントと読み，arcsin x, arccos x, arctan x と表すこともある．これらは大学で習う微分積分で初めてでてくる関数である．

このとき，逆三角関数の微分は次のようになる：

$$(\sin^{-1} x)' = \frac{1}{\sqrt{1-x^2}}, \quad (\cos^{-1} x)' = -\frac{1}{\sqrt{1-x^2}}, \quad (\tan^{-1} x)' = \frac{1}{1+x^2}.$$

次の関数を**双曲線関数**という：

$$\cosh x = \frac{e^x+e^{-x}}{2}, \quad \sinh x = \frac{e^x-e^{-x}}{2}, \quad \tanh x = \frac{\sinh x}{\cosh x}.$$

それぞれ，ハイパボリックコサイン，ハイパボリックサイン，ハイパボリックタンジェントと読む．双曲線関数は，次のような三角関数に似た性質をもつ：

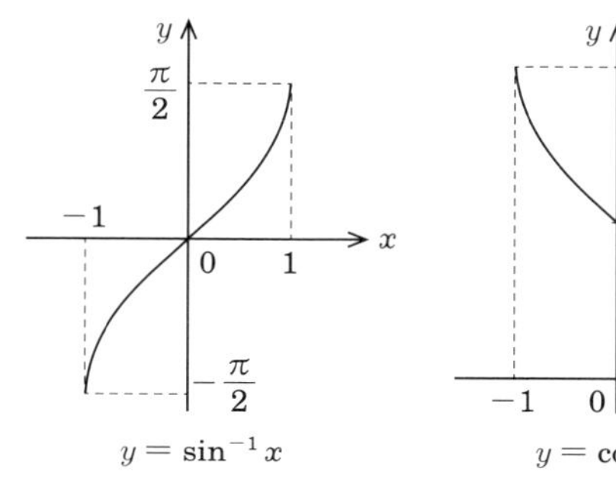

$y = \sin^{-1} x$

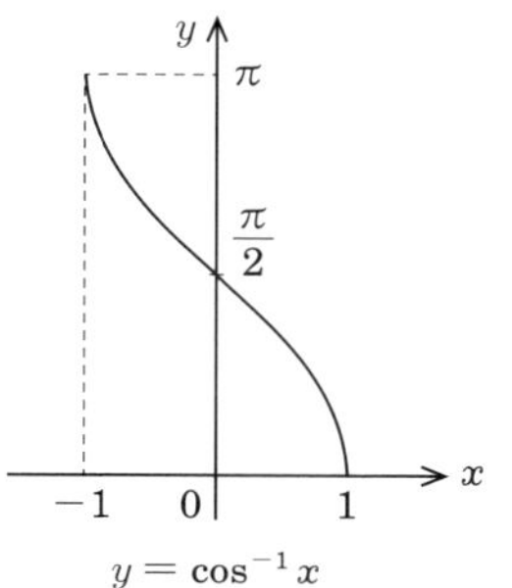

$y = \cos^{-1} x$

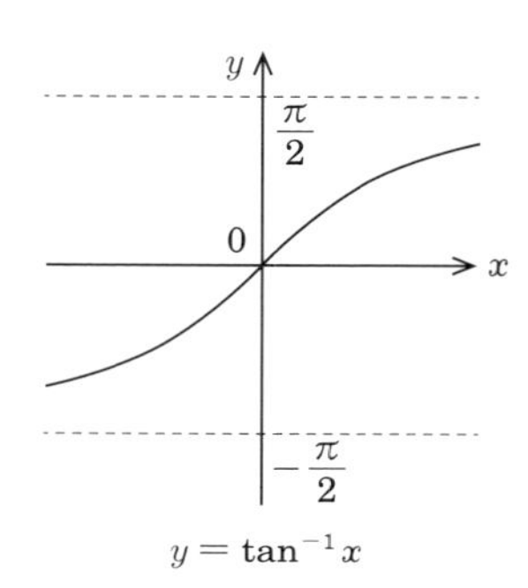

$y = \tan^{-1} x$

図 7.1　逆三角関数

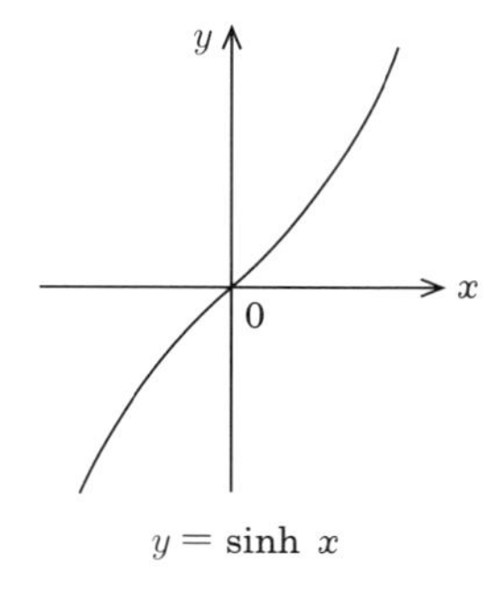

$y = \sinh\ x$

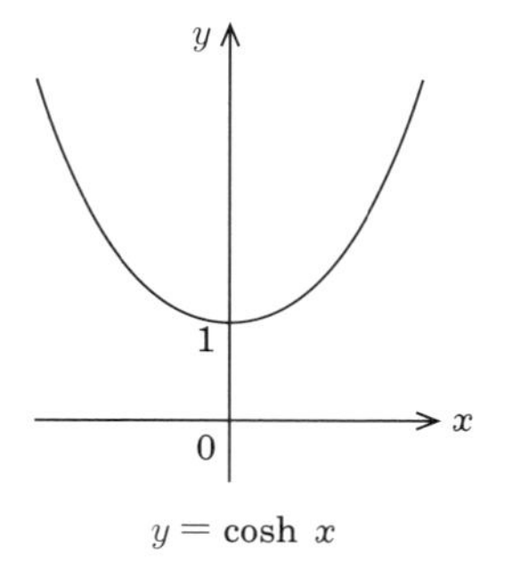

$y = \cosh\ x$

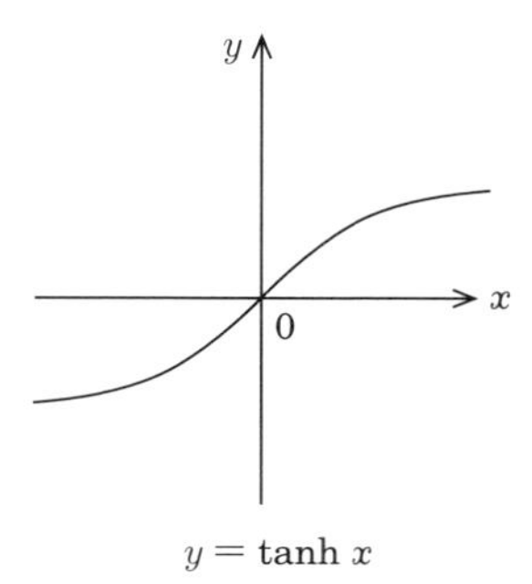

$y = \tanh x$

図 7.2　双曲線関数

(1)　$\cosh^2 x - \sinh^2 x = 1$

(2)　$\sinh(x + y) = \sinh x \cosh y + \cosh x \sinh y$

(3)　$\cosh(x + y) = \cosh x \cosh y + \sinh x \sinh y$

(4)　$(\sinh\ x)' = \cosh\ x, \qquad (\cosh\ x)' = \sinh\ x, \qquad (\tanh\ x)' = \dfrac{1}{\cosh^2 x}$

注意　一様の重さをもつ細長い線を張ったとき，それ自身の重みによって自然にたわんでできる曲線を**懸垂線** (カテナリー) とよぶ．例えば，関数 $y = \cosh x$ は懸垂線である．このように懸垂線は私たちの身近で生じる曲線であるため，工学では広く応用されている．例えば，電気工学では電線の張力や弛(ゆる)みの計算などに双曲線関数が本質的に用いられている．

7.4 微分の応用と発展

第 1 章で解いた例題 1.6 を異なる方法で解いてみる．

例題 7.3 次の式が x についての恒等式となるように，定数 a, b, c, d を両辺を微分することにより求めよ：

$$x^3 = a(x-1)^3 + b(x-1)^2 + c(x-1) + d.$$

解 まずは与式の両辺に $x = 1$ を代入すると，$d = 1$ を得る．次に，与式の両辺を微分すると

$$3x^2 = 3a(x-1)^2 + 2b(x-1) + c$$

を得るので，$x = 1$ を代入すると，$c = 3$ を得る．同様に，この恒等式をさらに 2 回微分して，$a = 1$, $b = 3$ をそれぞれ得る． □

さて，ここで注目してもらいたいのが次の事実である．$f(x) = x^3$ とするとき，次の恒等式が成り立つ：

$$f(x) = \frac{f^{'''}(1)}{3!}(x-1)^3 + \frac{f^{''}(1)}{2!}(x-1)^2 + f^{'}(1)(x-1) + f(1).$$

これは x^3 という 3 次関数を考え，$x-1$ での展開を考えたからこそ成り立つ式であろうか．実はそうではない．$f(x)$ を任意の 3 次関数とし，a を任意の実数とするとき，

$$f(x) = \frac{f^{'''}(a)}{3!}(x-a)^3 + \frac{f^{''}(a)}{2!}(x-a)^2 + f^{'}(a)(x-a) + f(a) \tag{7.2}$$

が成り立つ．実はもっと一般に $f(x)$ を任意の n 次関数 (あるいは n 次の整式) とし，a を任意の実数とするとき

$$f(x) = \frac{f^{(n)}(a)}{n!}(x-a)^n + \cdots + f^{'}(a)(x-a) + f(a) \tag{7.3}$$

が成り立つ．これを整式 $f(x)$ の $x = a$ における**テイラー展開**という．

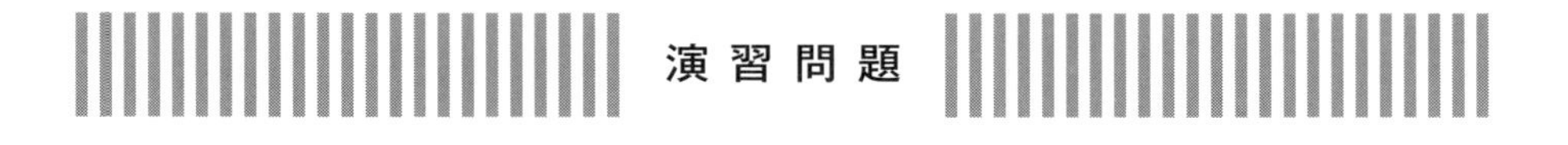

演習問題

FIRST STEP

問 7.1 関数 $y = x^2 + 2x - 5$ に対して $x = 1$ での接線を求めよ.

問 7.2 逆三角関数 $\sin^{-1}\left(-\frac{1}{2}\right)$ を求めよ.

問 7.3 ロピタルの定理を使って $\displaystyle\lim_{x\to 0}\frac{\tan^{-1}x}{x}$ を求めよ.

問 7.4 関数 $f(x) = x^3 - 6x^2 - 15x + 3$ の増減を調べよ.

SECOND STEP

問 7.5 点 $(-1, 2)$ から曲線 $y = 2x^2 + 3x + 11$ にひいた接線を求めよ.

問 7.6 $f(x) = ax^3 + bx^2 + cx + 1$ が $x = 1$ で極大, $x = -2$ で極小となり, 極大値と極小値の差が 50 であるという. a, b, c を求めよ.

問 7.7 $-1 \leqq x \leqq 3$ における $f(x) = x^3 - 3x$ の最大値と最小値を求めよ.

問 7.8 方程式 $2x^3 - ax - 32 = 0$ が相異なる三つの実数解をもつように実数 a の範囲を求めよ.

問 7.9 方程式 $x^3 - 9x^2 + 24x - k = 0$ の実数解の個数を求めよ.

THIRD STEP

問 7.10 無理数 $\sqrt[3]{4}$ を小数第3位まで求めよ．これでは唐突すぎるから，少しヒントを述べよう．まずは次の等式が成り立つことに着目する：

$$\sqrt[3]{4} = \frac{3}{2}\sqrt[3]{1+\frac{5}{27}}.$$

そこで，無理数 $\sqrt[3]{4}$ のできるだけよい近似値をえるために，関数 $f(x)=\dfrac{3}{2}\sqrt[3]{1+x}$ の多項式による近似を考え，小数第3位までの値を性格に求めてほしい．

COLUMN ⑦一次近似式の威力

関数 $f(x)$ が微分可能であるとき，その導関数

$$f'(x) = \lim_{h \to 0} \frac{f(x+h) - f(x)}{h}$$

が存在します．ここで，右辺の極限記号を取り外すとどうなるでしょうか？　もちろん，等号は成り立ちません．しかし，もしも $|h|$ が十分小さい値であるとき，おおよその等号は成り立ちます：

$$f'(x) \fallingdotseq \frac{f(x+h) - f(x)}{h} \qquad (|h| : \text{十分小})$$

これを整理すると

$$f(x+h) \fallingdotseq f(x) + h\,f'(x)$$

を得ます．このおおよその等式を関数 $f(x)$ の一次近似式といいます．

この近似式の威力を確かめてみるために，近似式を利用して，$\tan 44^\circ$ を求めてみましょう．

$f(x) = \tan x$ とし，$x = \dfrac{\pi}{4}$, $h = -\dfrac{\pi}{180}$ とします．すると，$f'(x) = \dfrac{1}{\cos^2 x}$ ですから，一次近似式より

$$\begin{aligned} \tan 44^\circ &\fallingdotseq 1 - \frac{\pi}{180} \cdot 2 \\ &= 1 - \frac{\pi}{90} \fallingdotseq 1 - \frac{3.141592}{90} \fallingdotseq 0.9651 \end{aligned}$$

を得ます．三角関数表によると，$\tan 44^\circ = 0.9657$ ですから，小数点以下第三位までは正確に求まったことになります．一次近似式といえどもなかなか優れものです．

第8章
積分法とその応用

本章では，積分法について述べる．

8.1 不定積分，置換積分・部分積分

本節では，主に「数学 III」の範囲の積分に関わる基礎事項を解説する．

関数 $f(x)$ に対して，

$$F'(x) = f(x)$$

を満たす関数 $F(x)$ のことを，$f(x)$ の**原始関数**または**不定積分**という．これを記号で

$$F(x) = \int f(x)\,dx$$

と書く．記号 $\int$ を**積分記号** (あるいは**インテグラル**) といい，$f(x)$ を**被積分関数**という．与えられた $f(x)$ に対して，原始関数 $F(x)$ を求めることを $f(x)$ を**積分する**という．

“不定” の意味は，$f(x)$ の原始関数の一つが $F(x)$ であるとき，C を任意の定数として $F(x)+C$ もまた $f(x)$ の原始関数になる，という定数部分の不定性による．C を**積分定数**という．

不定積分は線形性をもつ (ただし，$k \in \mathbb{R}$)：

$$\int \{f(x)+g(x)\}\,dx = \int f(x)\,dx + \int g(x)\,dx,$$

$$\int kf(x)\,dx = k\int f(x)\,dx$$

次に，置換積分について述べる．被積分関数が合成関数のとき，$x = g(t)$ と置換すると

$$\int f(x)\,dx = \int f(g(t))\frac{dx}{dt}\,dt = \int f(g(t))g'(t)\,dt$$

が成り立つ．例えば，次の積分に対して $2x+1=t$ とおくと，$dx = \frac{1}{2}dt$ より

$$\int (2x+1)^{99}\,dx = \int t^{99}\cdot\frac{1}{2}\,dt = \frac{(2x+1)^{100}}{200} + C$$

となる．

積の微分の公式から，次の**部分積分の公式**が得られる：

$$\int f(x)g'(x)\,dx = f(x)g(x) - \int f'(x)g(x)\,dx.$$

例えば，

$$\begin{aligned}\int xe^x\,dx &= \int x(e^x)'\,dx \\ &= xe^x - \int (x)'e^x\,dx = xe^x - \int e^x\,dx \\ &= (x-1)e^x + C\end{aligned}$$

となる．

代表的な不定積分の公式をあげておく

(1) $\displaystyle\int x^\alpha\,dx = \frac{x^{\alpha+1}}{\alpha+1} + C \quad (\alpha \neq -1), \quad \int \frac{dx}{x} = \log|x| + C$

(2) $\displaystyle\int \sin x\,dx = -\cos x + C, \quad \int \cos x\,dx = \sin x + C$

(3) $\displaystyle\int \tan x\,dx = -\log|\cos x| + C, \quad \int \frac{dx}{\tan x} = \log|\sin x| + C$

(4) $\displaystyle\int \sin^2 x\,dx = \int \frac{1-\cos 2x}{2}\,dx = \frac{1}{2}\left(x - \frac{1}{2}\sin 2x\right) + C,$

$\displaystyle\int \cos^2 x\,dx = \int \frac{1+\cos 2x}{2}\,dx = \frac{1}{2}\left(x + \frac{1}{2}\sin 2x\right) + C$

(5) $\displaystyle\int a^x\,dx = \frac{a^x}{\log a} + C \qquad (a > 0,\ a \neq 1),$

$\displaystyle\int \log x\,dx = x(\log x - 1) + C$

(6) $\displaystyle\int \frac{dx}{\sqrt{1-x^2}} = \sin^{-1} x + C, \qquad \int \frac{dx}{1+x^2} = \tan^{-1} x + C$

(7) $\displaystyle\int \{f(x)\}^n f'(x)\,dx = \frac{\{f(x)\}^{n+1}}{n+1} + C,$

$\displaystyle\int \frac{f'(x)}{f(x)}\,dx = \log|f(x)| + C$

8.2　定積分

関数 $f(x)$ が区間 $a \leqq x \leqq b$ で連続であるとき，この区間を n 等分して，

$$x_k = a + \frac{k}{n}(b-a) = a + k\Delta x$$

とおく．このとき，次式の右辺の極限値が存在するとき，これを $f(x)$ の a から b までの**定積分**という：

$$\int_a^b f(x)\,dx = \lim_{n\to\infty} \sum_{k=1}^{n} f(x_k)\Delta x.$$

与えられた関数の定積分を，定義に基づいて極限値を計算するのは効率が悪いといわざるをえないであろう．実際の定積分の計算は，原始関数 $F(x)$ が求まると極限の計算よりやさしくなる：

$$\int_a^b f(x)\,dx = \Big[\,F(x)\,\Big]_a^b = F(b) - F(a).$$

これを**微分積分学の基本定理**という[1]．

1] いわゆる「ストークスの定理」の 1 変数版が「微分積分学の基本定理」である．『スピヴァック多変数の解析学』(齋藤正彦訳，東京図書) はストークスの定理を中心に多変数解析学が解説されている．

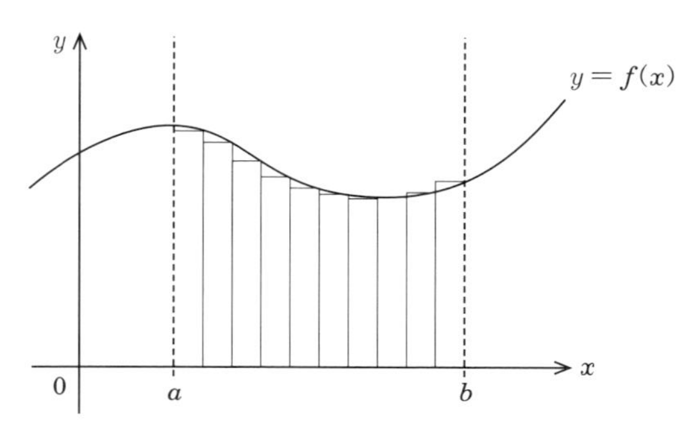

図 8.1 定積分

ここで，代表的な定積分の公式をあげておく：

(1) $\displaystyle\int_a^a f(x)\,dx = 0, \qquad \int_b^a f(x)\,dx = -\int_a^b f(x)\,dx$

(2) $\displaystyle\int_a^b \{kf(x) + lg(x)\}\,dx = k\int_a^b f(x)\,dx + l\int_a^b g(x)\,dx \qquad (k, l : \text{実数})$

(3) $\displaystyle\int_a^b f(x)\,dx = \int_a^c f(x)\,dx + \int_c^b f(x)\,dx$

(4) $f(x)$ が偶関数ならば，
$$\int_{-a}^a f(x)\,dx = 2\int_0^a f(x)\,dx.$$

(5) $f(x)$ が奇関数ならば，
$$\int_{-a}^a f(x)\,dx = 0.$$

不定積分の場合と同様に，$x = g(t)$ と置換すると，変域が $a \leqq x \leqq b$ が $\alpha \leqq t \leqq \beta$ に変わるとき，$dx = g'(t)\,dt$ となるので

$$\int_a^b f(x)\,dx = \int_\alpha^\beta f(g(t))g'(t)\,dt$$

となる．これを**置換積分**という．

また，**部分積分**は次のように計算できる：

$$\int_a^b f(x)g'(x)\,dx = \Big[\, f(x)g(x) \,\Big]_a^b - \int_a^b f'(x)g(x)\,dx.$$

例題 8.1 次の定積分を求めよ.

(1) $\displaystyle\int_0^8 \sqrt[3]{x}\,dx$ (2) $\displaystyle\int_0^\pi \cos^2 x\,dx$ (3) $\displaystyle\int_0^{\frac{\pi}{2}} \cos^3 x\,dx$

(4) $\displaystyle\int_0^1 \frac{dx}{\sqrt{1-x^2}}$ (5) $\displaystyle\int_0^1 \frac{2x}{1+x^2}\,dx$ (6) $\displaystyle\int_1^e \log x\,dx$

解 (1) $\displaystyle\int_0^8 \sqrt[3]{x}\,dx = \left[\frac{3}{4}x^{\frac{4}{3}}\right]_0^8 = \frac{3}{4}\left(8^{\frac{4}{3}}-0\right) = \frac{3}{4}(16-0) = 12$

(2) $\displaystyle\int_0^\pi \cos^2 x\,dx = \int_0^\pi \frac{1+\cos 2x}{2}\,dx = \frac{1}{2}\left[x+\frac{1}{2}\sin 2x\right]_0^\pi = \frac{\pi}{2}$

(3) $\displaystyle\int_0^{\frac{\pi}{2}} \cos^3 x\,dx = \int_0^{\frac{\pi}{2}} \cos x(1-\sin^2 x)\,dx = \left[\sin x - \frac{1}{3}\sin^3 x\right]_0^{\frac{\pi}{2}} = \frac{2}{3}$

(4) $\displaystyle\int_0^1 \frac{dx}{\sqrt{1-x^2}} = \left[\sin^{-1} x\right]_0^1 = \sin^{-1} 1 - \sin^{-1} 0 = \frac{\pi}{2}$

(5) $\displaystyle\int_0^1 \frac{2x}{1+x^2}\,dx = \int_1^2 \frac{1}{t}\,dt = \left[\log t\right]_1^2 = \log 2$ ($t = x^2+1$ と置換)

(6) $\displaystyle\int_1^e \log x\,dx = \int_1^e (x)'\log x\,dx = \left[x\log x\right]_1^e - \int_1^e x\cdot\frac{1}{x}\,dx = e - \left[\,x\,\right]_1^e = 1$

□

8.3 面積と体積

以下においては，定積分の計算を利用して図形の面積や体積を求める方法をみていこう.

区間 $a \leqq x \leqq b$ で連続な関数 $f(x)$, $g(x)$ に対して，2 直線 $x=a$, $x=b$ と曲線 $y=f(x)$, $y=g(x)$ で囲まれた図形の面積を S とすると

$$S = \int_a^b |f(x)-g(x)|\,dx$$

によって求めらる.

xyz 空間における立体を x 軸に垂直な平面 $x=t$ で切った切り口の面積が t の連続関数として $S(t)$ と表されるとき，平面 $x=a$, $x=b$ ではさまれた部分の立

体の体積 V は

$$V = \int_a^b S(t)\,dt$$

によって求めらる．これを**カバリエリの原理** (図 8.2) という．

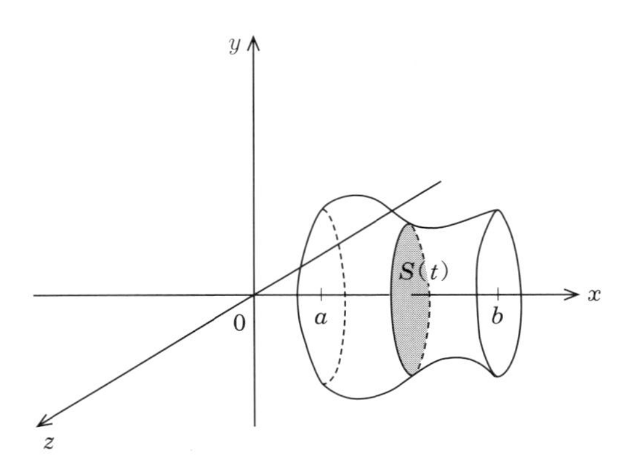

図 8.2 カバリエリの原理

また，区間 $a \leqq x \leqq b$ で連続な関数 $f(x)$ に対して，2 直線 $x = a$, $x = b$ と曲線 $y = f(x)$ で囲まれた図形を x 軸のまわりに回転してできる回転体の体積を V とすると

$$V = \pi \int_a^b \{f(x)\}^2\,dx$$

によって求められる (図 8.3).

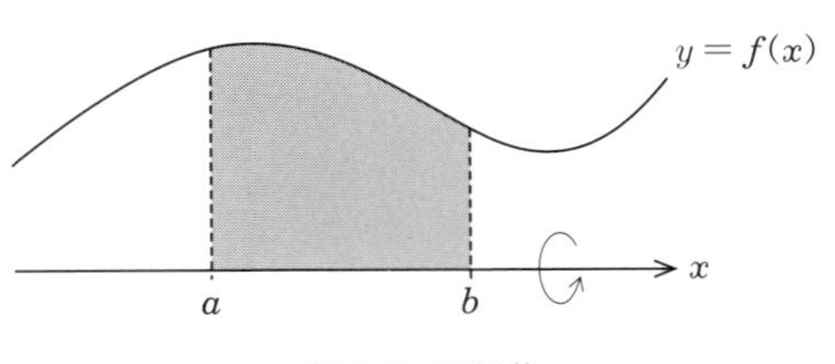

図 8.3 回転体

例題 8.2 楕円面 $\dfrac{x^2}{a^2}+\dfrac{y^2}{b^2}+\dfrac{z^2}{c^2}=1$ で囲まれた部分の体積 V を求めよ.

解 楕円 $\dfrac{x^2}{p^2}+\dfrac{y^2}{q^2}=1$ の面積は, $pq\pi$ であることに注意する. 楕円面の平面 $x=t$ による切り口は, 楕円

$$\frac{y^2}{b^2}+\frac{z^2}{c^2}=\frac{a^2-t^2}{a^2}\qquad (0\leqq t\leqq a)$$

であることから, 切り口の面積は $S(t)=\dfrac{bc\pi}{a^2}(a^2-t^2)$ となる. よって, カバリエリの原理より

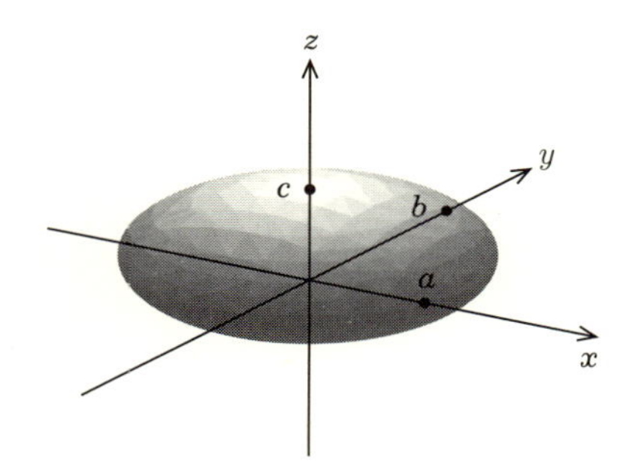

楕円面：$\dfrac{x^2}{a^2}+\dfrac{y^2}{b^2}+\dfrac{z^2}{c^2}=1$

図 8.4　楕円面

$$V=2\int_0^a S(t)\,dt=\frac{2bc\pi}{a^2}\int_0^a (a^2-t^2)\,dt=\frac{2bc\pi}{a^2}\left[a^2t-\frac{t^3}{3}\right]_0^a=\frac{4abc}{3}\pi$$

が得られる. □

定積分の定義より, 次の等式が成り立つ：

$$\lim_{n\to\infty}\frac{1}{n}\sum_{k=1}^{n} f\left(\frac{k}{n}\right)=\int_0^1 f(x)\,dx$$

これを**区分求積法**という.

例えば,

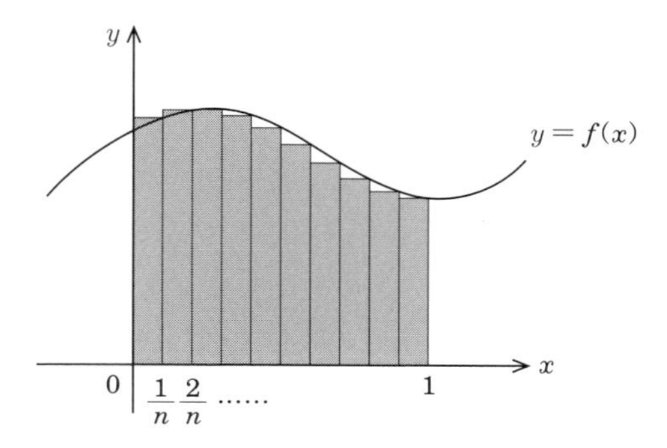

図 8.5 区分求積法

$$\lim_{n\to\infty}\sum_{k=1}^{n}\frac{n}{n^2+k^2}=\lim_{n\to\infty}\frac{1}{n}\sum_{k=1}^{n}\frac{1}{1+\left(\frac{k}{n}\right)^2}$$
$$=\int_0^1\frac{dx}{1+x^2}=\left[\tan^{-1}x\right]_0^1=\frac{\pi}{4} \qquad (8.1)$$

となる.

関数 $y=f(x)$ が与えられたとき, $a \leqq x \leqq b$ における $f(x)$ の積分を, 次のように閉区間 $[a,b]$ を n 等分して, 台形の面積の和によって近似することができる:

$$\int_a^b f(x)\,dx \fallingdotseq \frac{h}{2}\{y_0+2(y_1+\cdots+y_{n-1})+y_n\}.$$

ここで,

$$y_k=f(x_k)=f(a+kh) \qquad (k=0,\cdots,n), \qquad h=\frac{b-a}{n}$$

である. これを**台形公式**という. $f(x)$ の不定積分が求まらない場合でも, 定積分の近似計算が可能な便利な公式である.

例題 8.3 等式 (8.1) に対して, 区間 $0 \leqq x \leqq 1$ を 4 等分して, 台形公式を適用することにより, 円周率 π の近似値を求めよ.

解 $f(x)=\dfrac{1}{1+x^2}$ とするとき, $y_0=1$, $y_1=f\left(\dfrac{1}{4}\right)=\dfrac{16}{17}$, $y_2=f\left(\dfrac{1}{2}\right)=$

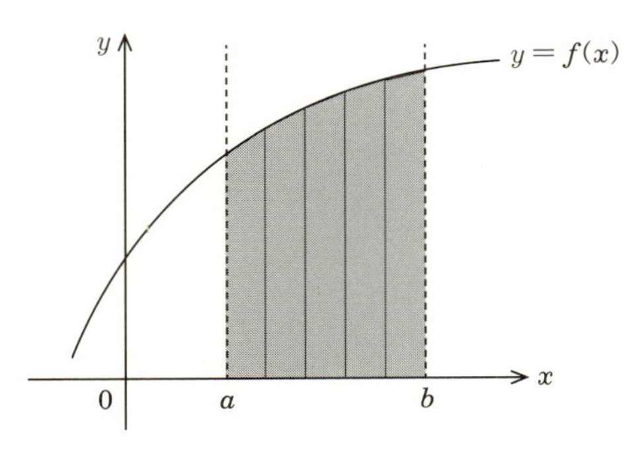

図 8.6 台形公式

$\dfrac{4}{5}$, $y_3 = f\left(\dfrac{3}{4}\right) = \dfrac{16}{25}$, $y_4 = f(1) = \dfrac{1}{2}$ であることから，台形公式より

$$\int_0^1 \frac{dx}{1+x^2} \fallingdotseq \frac{1}{8}\left\{1 + 2\left(\frac{16}{17} + \frac{4}{5} + \frac{16}{25}\right) + \frac{1}{2}\right\}$$
$$\fallingdotseq \frac{1}{8}\{1 + 2(0.9412 + 0.8 + 0.64) + 0.5\} = 0.7828$$

を得る．(8.1) より，$\pi \fallingdotseq 4 \times 0.7828 = 3.1312$ を得る． □

曲線 $C : y = f(x)$ $(a \leqq x \leqq b)$ が $f(x) \geqq 0$ を満たすとき，C を x 軸のまわりに回転してできる回転体の表面積を S とすると

$$S = 2\pi \int_a^b f(x)\sqrt{1 + \{f'(x)\}^2}\,dx$$

で表される．

8.4 曲線の長さ

曲線 $y = f(x)$ $(a \leqq x \leqq b)$ の長さを ℓ とすると

$$\ell = \int_a^b \sqrt{1 + \{f'(x)\}^2}\,dx$$

で表される．一方，曲線が媒介変数 t $(\alpha \leqq t \leqq \beta)$ によって $(x(t), y(t))$ と媒介変数表示されているとき，曲線の長さは

$$\ell = \int_{\alpha}^{\beta} \sqrt{\left(\frac{dx}{dt}\right)^2 + \left(\frac{dy}{dt}\right)^2}\, dt$$

で表される．

例題 8.4 媒介変数 t により $\begin{cases} x = t - \sin t \\ y = 1 - \cos t \end{cases}$ と表された曲線の長さ l を求めよ．ただし，$0 \leqq t \leqq 2\pi$ とする．

解 $\dfrac{dx}{dt} = 1 - \cos t,\ \dfrac{dy}{dt} = \sin t$ なので，

$$\begin{aligned} \ell &= \int_0^{2\pi} \sqrt{\left(\frac{dx}{dt}\right)^2 + \left(\frac{dy}{dt}\right)^2}\, dt = \int_0^{2\pi} 2\sin\frac{t}{2}\, dt \\ &= 2\left[-2\cos\frac{t}{2}\right]_0^{2\pi} = 8 \end{aligned}$$

を得る． □

8.5 積分の応用と発展

いままでは，関数 $f(x)$ の値は有限の値をとる場合に限られていた．では，例えば関数 $f(x) = \dfrac{1}{x}$ を区間 $[0, 1]$ で積分するにはどうしたらよいか？　そこで，関数 $f(x)$ の値が無限大となるとき，定積分の定義を拡張しておくことが必要となる．そこで，定積分 $\displaystyle\int_a^b f(x)\, dx$ をそれぞれ次のように定義する：

- $f(b)$ が無限大となるときは，$\displaystyle\lim_{\varepsilon \to +0} \int_a^{b-\varepsilon} f(x)\, dx$
- $f(a)$ が無限大となるときは，$\displaystyle\lim_{\varepsilon \to +0} \int_{a+\varepsilon}^{b} f(x)\, dx$
- $f(a)$，$f(b)$ が無限大となるときは，$\displaystyle\lim_{\substack{\varepsilon_1 \to +0 \\ \varepsilon_2 \to +0}} \int_{a+\varepsilon_2}^{b-\varepsilon_1} f(x)\, dx$

また，無限区間での定積分は，次のように定義する：

$$\int_a^{\infty} f(x)\,dx = \lim_{b\to\infty}\int_a^b f(x)\,dx,$$
$$\int_{-\infty}^{b} f(x)\,dx = \lim_{a\to-\infty}\int_a^b f(x)\,dx,$$
$$\int_{-\infty}^{\infty} f(x)\,dx = \lim_{\substack{a\to-\infty \\ b\to\infty}}\int_a^b f(x)\,dx.$$

こうして定義が拡張された定積分を**広義積分** (あるいは**特異積分**) という.

例題 8.5 広義積分 $\displaystyle\int_0^{\infty} xe^{-x}\,dx$ の値を求めよ.

解

$$\begin{aligned}\int_0^{\infty} xe^{-x}\,dx &= \lim_{R\to\infty}\int_0^R xe^{-x}\,dx \\ &= \lim_{R\to\infty}\Big[-(1+x)e^{-x}\Big]_0^R \\ &= \lim_{R\to\infty}\left\{1-(1+R)e^{-R}\right\} = 1\end{aligned}$$

ここで, 最後の等号の極限値に (7.1) を用いている. □

未知関数の導関数を含む等式を**微分方程式**という. 微分方程式が n 次導関数を含み, それより高次の導関数を含まないとき, これを **n 階微分方程式**という. 与えられた微分方程式を満たす関数を, この微分方程式の**解**という. 微分方程式の解を求めることを微分方程式を**解く**という. 微分方程式を解くことは, 基本的には不定積分を求めることである.

n 階微分方程式の解で, n 個の任意定数を含むものをその微分方程式の**一般解**といい, 一般解に含まれる任意定数に特定の値を与えて得られる解を**特殊解**という. 特殊解を与えるための条件を**初期条件**という.

例えば, C を任意の定数として, $y = Cx^2$ が成り立つとする. $y' = 2Cx$ より, $C = \dfrac{y'}{2x}$ を $y = Cx^2$ に代入して $xy' = 2y$ を得る. この微分方程式 $xy' = 2y$ の一般解が $y = Cx^2$ である. 初期条件が $(x, y) = (1, 2)$ ならば, 一般解に $x = 1$, $y =$

2 を代入して $C=2$ を得るので，特殊解 $y=2x^2$ を得る．

変数分離形：次の形の微分方程式を**変数分離形**という．

$$\frac{dy}{dx}=f(x)g(y).$$

この方程式は

$$\frac{1}{g(y)}\frac{dy}{dx}=f(x)$$

となるため，両辺を x で積分して

$$\int\frac{1}{g(y)}\frac{dy}{dx}\,dx=\int f(x)\,dx \quad \text{より，} \quad \int\frac{1}{g(y)}\,dy=\int f(x)\,dx$$

となるため，辺々で不定積分を計算して微分方程式の一般解が求まる．

1 階線形微分方程式：次の形の微分方程式は **1 階線形微分方程式**とよばれる．

$$\frac{dy}{dx}+f(x)y=g(x).$$

その一般解は

$$y=e^{-\int f(x)\,dx}\left\{\int g(x)e^{\int f(x)\,dx}\,dx+C\right\}$$

で与えられる．

定数係数 2 階線形同次微分方程式：次の形の微分方程式

$$\frac{d^2y}{dx^2}+p\frac{dy}{dx}+qy=0 \qquad (p,\ q：\text{定数})$$

は**定数係数 2 階線形同次微分方程式**とよばれ，その一般解は**特性方程式**

$t^2+pt+q=0$ の解のとり方によって，以下の3通りに分類される：

(1)　二つの実数解 t_1, t_2 をもつ場合：$y=c_1e^{t_1x}+c_2e^{t_2x}$.

(2)　虚数解 $a\pm bi$ をもつ場合：$y=e^{ax}(c_1\cos bx+c_2\sin bx)$.

(3)　重解 t をもつ場合：$y=e^{tx}(c_1+c_2x)$.

ただし，c_1, c_2 は任意の定数である.

例題 8.6 各点における法線が常に原点を通るような曲線で，初期条件 $(x,y)=(3,4)$ を満たすものを求めよ.

解　点 (x,y) における法線の方程式は，$Y=\dfrac{-1}{y'}(X-x)+y$ で与えられる. これが原点を通るので，$X=0$, $Y=0$ を代入して，$0=x+yy'$ を得る．$y'=\dfrac{dy}{dx}$ として，$y\dfrac{dy}{dx}=-x$ の両辺を積分して，$\displaystyle\int y\,dy=-\int x\,dx$ なので $\dfrac{y^2}{2}=-\dfrac{x^2}{2}+C$ を得るため，一般解 $x^2+y^2=C$ が求まる．これが $(x,y)=(3,4)$ を通るので，$C=3^2+4^2=25$ を得る．よって，円の方程式 $x^2+y^2=5^2$ が求める解である．□

次に直線上を運動する点について述べる．原点を出発して，数直線上を動く点Pの t 秒後の座標が $x=f(t)$ であるとき，t 秒後の**速度** v と**加速度** a はそれぞれ

$$v=\frac{dx}{dt}=f'(t),\qquad a=\frac{dv}{dt}=\frac{d^2x}{dt^2}=f''(t)$$

で表される．また，点Pの時刻 x_1, x_2 における位置をそれぞれ x_1, x_2 とする．このとき

$$x_2-x_1=\int_{t_1}^{t_2}v\,dt=\int_{t_1}^{t_2}f'(t)\,dt$$

であり，$t=t_1$ から $t=t_2$ までにPが動いた**道のり** s は

$$s=\int_{t_1}^{t_2}|v|\,dt=\int_{t_1}^{t_2}|f'(t)|\,dt$$

となる.

最後に，平面上を運動する点について述べる．原点 (0,0) を出発して，平面上を動く点 P の t 秒後の座標が $(x,y)=(f(t),g(t))$ であるとき，速度ベクトル (接線方向のベクトル) $\boldsymbol{v}$ は,

$$\boldsymbol{v}=\left(\frac{dx}{dt},\frac{dy}{dt}\right)=(f'(t),g'(t))$$

で表され，速さは

$$|\boldsymbol{v}|=\sqrt{\left(\frac{dx}{dt}\right)^2+\left(\frac{dy}{dt}\right)^2}=\sqrt{\{f'(t)\}^2+\{g'(t)\}^2}$$

で表される．また，加速度ベクトル $\boldsymbol{a}$ は,

$$\boldsymbol{a}=\left(\frac{d^2x}{dt^2},\frac{d^2y}{dt^2}\right)=(f''(t),g''(t))$$

で表され，加速度の大きさは

$$|\boldsymbol{a}|=\sqrt{\left(\frac{d^2x}{dt^2}\right)^2+\left(\frac{d^2y}{dt^2}\right)^2}=\sqrt{\{f''(t)\}^2+\{g''(t)\}^2}$$

で表される.

例題 8.7 原点を同時に出発して x 軸上を動く二つの点 P, Q がある．出発してから t 秒後の速度はそれぞれ at, $8t-3t^2$ であるとする．ただし，a は定数とする．出発してから P, Q が再び出会うための必要十分条件を求めよ．また，$a=2$ のとき，点 P, Q が再び出会うのは何秒後か，さらにそれまでに点 Q が動いた道のりを求めよ.

解 出発してから P, Q が再び出会うまでの時間を T とすると，$T>0$ で

$$\int_0^T at\,dt=\int_0^T(8t-3t^2)\,dt$$

より，$\frac{1}{2}aT^2=4T^2-T^3$ を得る．整理すると，$T=\frac{1}{2}(8-a)>0$ より，求める条件は，$a<8$ となる.

$a=2$ のとき，$T=3$ を得るので，再び出会うのは 3 秒後である．このとき，求

める道のりは

$$\int_0^3 |8t - 3t^2|\,dt = \int_0^{\frac{8}{3}} (8t - 3t^2)\,dt - \int_{\frac{8}{3}}^3 (8t - 3t^2)\,dt = \frac{269}{27}$$

である. □

演習問題

FIRST STEP

問 8.1　2 曲線 $y = \frac{1}{2}x^2$, $y = -x^2 + \frac{3}{2}x + 3$ で囲まれる部分の面積を求めよ.

問 8.2　放物線 $y = x^2 + 1$, x 軸, $x = 1$, $x = -1$ で囲まれた図形を x 軸のまわりに 1 回転してできる立体の体積を求めよ.

問 8.3　半径 3 の円の円周の長さを積分を使って求めよ.

問 8.4　広義積分 $\int_0^1 \frac{1}{x}\,dx$ を求めよ.

SECOND STEP

問 8.5　直線 $y = x$ と, 曲線 $3y^2 + x + 2y - 6 = 0$ で囲まれる面積を求めよ.

問 8.6　$y = 1 - x^2$ と x 軸で囲まれた図形を y 軸のまわりに 1 回転してできる立体の体積を求めよ.

問 8.7　微分方程式 $\frac{d^2y}{dx^2} + 2\frac{dy}{dx} - 8y = 0$ を解け.

問 8.8　微分方程式 $-x - 3y + x\frac{dy}{dx} = 0$ を解け.

THIRD STEP

問 8.9　$\log x$ の不定積分は，すでに学んだように

$$\int \log x\,dx = x\log x - x + C$$

である．そこで被積分関数を少し細工して，$\log\sin x$ の不定積分は，残念ながらよく知られた関数では表せないことがわかっている．しかし，定積分は求まるのだ．

$$\int_0^{\frac{\pi}{2}} \log\sin x\,dx = -\frac{\pi}{2}\log 2$$

これはオイラー積分とよばれ，オイラーが初めて求めた有名な定積分の一つである．そこで，さらに欲張ってもう一段難しい次の定積分を考える：

$$\int_0^{\frac{\pi}{2}} x\log\sin x\,dx.$$

実をいうとこの定積分を求めることに成功した数学者はまだ一人もいない．未解決問題なのである．しかし，その難しいはずの定積分が積分区間を少し変更すると求まってしまう場合がある．そこで問題．次の等式を示せ：

$$\int_0^{\pi} x\log\sin x\,dx = -\frac{\pi^2}{2}\log 2.$$

右辺を見るとわかるように，オイラー積分が関係するのは一目瞭然である．オイラー積分を利用して，この等式を示してほしい．

COLUMN ⑧次元のふしぎ

数学，とりわけ幾何学では次元というのは最も基本的なキーワードで，物理学ではきわめて重要な概念です．この‘次元’に関しては，我々のもっている直感や常識がしばしば裏切られることがあります．そこでちょっと意外な高校3年で習う「数学 III」の内容を題材にして，問いを考えていただきましょう．

楕円 $E : x^2 + 2y^2 = 2$ を考えます．曲線 E の長さ (1 次元の量) と曲線で囲まれる部分の面積 (2 次元の量) を求めるのはどちらが難しいでしょうか？

高校の数学といいましたが，こういうタイプの問いは高校の授業では出会いませんね．取りあえず，楕円の面積を S，曲線の長さを ℓ としてこれらを求めてみましょう．グラフの対称性から，第一象限の部分だけを考えて，4倍すればよいですね．

まずは面積 S ですが，第一象限では E の方程式は，$y = \sqrt{1 - \dfrac{x^2}{2}}$ ですから，次の定積分を求めればよいわけです：

$$S = 4\int_0^{\sqrt{2}} \sqrt{1 - \frac{x^2}{2}}\, dx \tag{8.2}$$

そこで，$x = \sqrt{2}\sin\theta$ と置換積分すると，$S = \sqrt{2}\pi$ が得られます．

積分の計算には別な方法もあります．(8.2) において，$x = \sqrt{2}t$ とおくと，$dx = \sqrt{2}\,dt$ なので

$$S = 4\sqrt{2}\int_0^1 \sqrt{1 - t^2}\, dt$$

となります．この定積分は円：$x^2 + y^2 = 1$ の第一象限部分の面積に等しいので，$\dfrac{\pi}{4}$ ですから，やはり $S = \sqrt{2}\pi$ を得ます．こうしてみると，楕円の面積は本質的に円の面積を求めることと同じだといえます．

それでは，続いて曲線の長さ ℓ を求めてみましょう．まず E は，$x = \sqrt{2}\cos\theta$, $y = \sin\theta$ と媒介変数表示できますので，

$$\frac{dx}{d\theta} = \sqrt{2}\cos\theta, \qquad \frac{dy}{d\theta} = -\sin\theta$$

を得ます．そこで ℓ を計算すると

$$\ell = 4\int_0^{\frac{\pi}{2}} \sqrt{\left(\frac{dx}{d\theta}\right)^2 + \left(\frac{dy}{d\theta}\right)^2}\, d\theta = 4\int_0^{\frac{\pi}{2}} \sqrt{1+\cos^2\theta}\, d\theta$$

となります．この定積分を計算しようと，いろいろ試行錯誤するとわかりますが，そもそも被積分関数の根号が外れないので，積分計算がうまくいきません．それもそのはず，この最後の積分は楕円積分とよばれるもので，その不定積分が求まらないこと，すなわち $F'(x) = \sqrt{1+\cos^2 x}$ を満たす原始関数 $F(x)$ は初等関数では表せないことが知られています．ですから定積分を求めることはできません．2 次元の面積は簡単に求まりましたが，曲線の長さという 1 次元の量を求めることの方がはるかに難しいのです．

このようにして見ると，曲線の長さという 1 次元の量を求める方が，面積という 2 次元の量を求めるよりも数学的にはるかに難しいことがわかると思います．このような難易度の差が生じる要因は次の二つだと思われます．

- 面積は平面上で平たい部分の求積になっているので計算が易しい．
- 曲線は平面上で本質的に曲がっているので計算が難しい．

ですから，本質的に曲がった空間を考察するのに，数学的な困難が伴うのは必然なのです．問題の設定を 1 次元ずつ上げても同じことが起こります．楕円面：$\dfrac{x^2}{a^2} + \dfrac{y^2}{b^2} + \dfrac{z^2}{c^2} = 1$ の表面積 (2 次元) と体積 (3 次元) を求めよ，とすると体積の方は，やはり積分から $V = \dfrac{4}{3}abc\pi$ と簡単に求まりますが，表面積の方はさらに難しい楕円積分になり，積分を求めることはできません．そこにはまさしく曲がった空間本来の難しさが内在しています．

第9章
集合と論理

本章では，集合と論理について紹介する．

9.1　集合について

集合とは，‘もの’ の ‘集まり’ のことで，どんな ‘もの’ をとってきても，それがその ‘集まり’ の中に存在するか存在しないかが明確に定まっているもののことをいう．A を一つの集合とするとき，A の中に存在する ‘もの’ のことを**元** (または**要素**) といい，記号で

$$a \in A \quad (\text{または } A \ni a)$$

と表す．このとき，元 a は集合 A に**属する**という．また，b が A の元として存在しないとき，

$$b \notin A$$

と書く．

A と B を集合とし，任意の $a \in A$ が $a \in B$ を満たすとき，A は B の**部分集合**といい，

$$A \subset B \quad (\text{または } B \supset A)$$

と書く．$A \subset B$ かつ $B \subset A$ が成り立つとき，集合 A と集合 B は**等しい**といい，

$$A = B$$

と書く．

二つの集合 A, B に対して，**和集合**と**交わり**をそれぞれ

$$A \cup B = \{x;\ x \in A \text{ または } x \in B\},$$
$$A \cap B = \{x;\ x \in A \text{ かつ } x \in B\}$$

で表す．記号 ∪, ∩ をそれぞれ**カップ**，**キャップ**とよぶ．

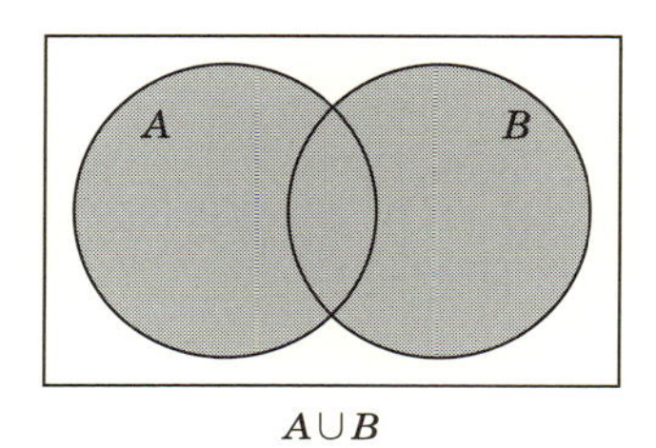

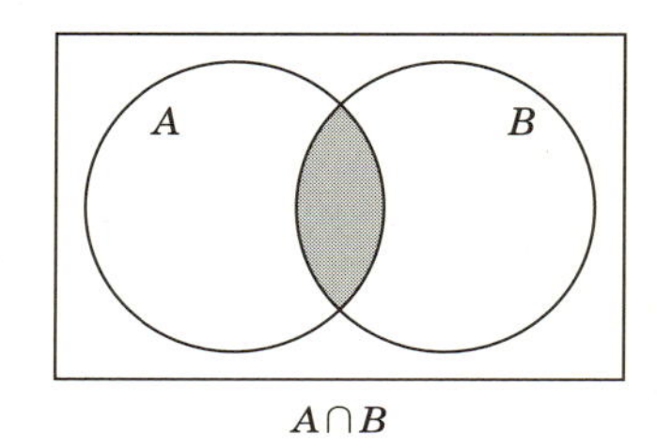

図 9.1 和集合と交わり

次に，**差集合**は

$$A - B = \{x;\ x \in A \text{ かつ } x \notin B\}$$

である．$A \setminus B$ とも書く．さらに，$A \subset X$ のとき，差集合 $X - A$ を X における A の**補集合**といい，A^c と表す．元を一つも含まない集合を $\varnothing$ で表し，**空集合**という．定義から，

$$A \cup A^c = X, \qquad A \cap A^c = \varnothing, \qquad (A^c)^c = A$$

がわかる．

集合の演算に関して，次が成り立つことがわかる：

(1) $A \cup B = B \cup A, \quad A \cap B = B \cap A$ (交換法則)

(2) $(A \cup B) \cup C = A \cup (B \cup C), \quad (A \cap B) \cap C = A \cap (B \cap C)$ (結合法則)

(3) $A \cup (B \cap C) = (A \cup B) \cap (A \cup C), \quad A \cap (B \cup C) = (A \cap B) \cup (A \cap C)$
(分配法則)

(4) $(A \cup B)^c = A^c \cap B^c, \quad (A \cap B)^c = A^c \cup B^c$ (**ド・モルガンの法則**)

二つの集合 A, B に対して，任意の元を $a \in A$, $b \in B$ とするとき，順序対 (a, b) 全体からなる集合を A と B の**直積**といい，

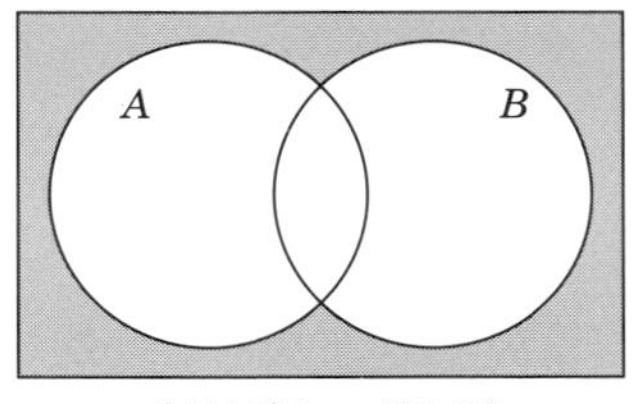

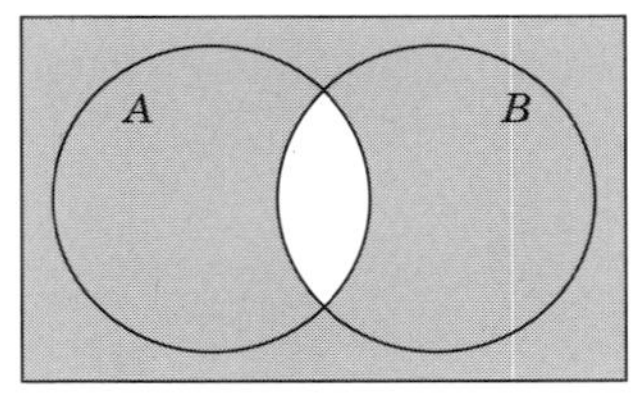

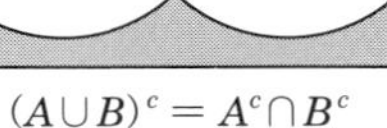

$(A \cup B)^c = A^c \cap B^c$　　$(A \cap B)^c = A^c \cup B^c$

図 9.2　ド・モルガンの法則

$$A \times B$$

と書く．ここで，**順序対**とは，任意の $a_1,\ a_2 \in A,\ b_1,\ b_2 \in B$ に対して

$$(a_1, b_1) = (a_2, b_2) \quad \Longleftrightarrow \quad a_1 = a_2,\ b_1 = b_2$$

が成り立つときをいう．

数の集合 X に対して，演算 $*$ が定まっていて，任意の $x, y \in X$ に対して，$x * y \in X$ が成り立つとき，集合 X は演算 $*$ について**閉じている**という[1]．自然数の集合 $\mathbb{N}$ は和と積については閉じているが，例えば $2-3 \notin \mathbb{N},\ 2 \div 3 \notin \mathbb{N}$ なので差と商については閉じていない．

問 9.1　実数集合を全体集合とするとき

$$A = \{x\ ;\ (x-2)(x+1) \leqq 0\},$$
$$B = \{x\ ;\ x(x-3) < 0\}$$

に対し次の集合を求めなさい．

(1)　$A^c \cap B$　　(2)　$A^c \cup B^c$　　(3)　$(A \cap B)^c$

9.2　写像について

二つの集合 X から Y へある規則によって定まる対応 f があるとき，これを

$$f : X \to Y,\ \ x \mapsto f(x)$$

1]　いい換えると，演算が後述する写像になっているという意味である．

と書いて，X から Y への**写像**という．このとき，集合 X を写像 f の**定義域**，Y を**値域**（ち）という．例えば，数の集合 X に閉じた演算 $*$ が与えられていれば，その演算は

$$*: X \times X \to X,\ (x, y) \mapsto x * y$$

という対応の写像と考えられる．ここで，$x \mapsto f(x)$ という記号は $y = f(x)$ とおおよそ同じ意味で，任意の $x \in X$ に対して $f(x) \in Y$ が写像の規則 f によって対応することをより明確に表すものである．

写像 $f: X \to X$ が任意の $x \in X$ に対して $f(x) = x$ であるとき，f を**恒等写像**といい，id_X と書く．また，写像 $f: X \to Y$ に対して

$$f(X) = \{y \in Y;\ y = f(x),\ \ x \in X\} \subset Y$$

を f による**像**という．さらに，$B \subset Y$ に対して

$$f^{-1}(B) = \{x \in X;\ f(x) \in B\} \subset X$$

を写像 f による B の**逆像**または**引き戻し**という．写像 f の定義域 X の部分集合 A に制限して考えるとき，$f|_A: A \to Y$ と書いて，**制限写像**という．

写像 $f: X \to Y,\ g: Y \to Z$ に対して，任意の $x \in X$ に対して，$f(x) \in Y$ を g で写して，$g(f(x)) \in Z$ が得られる．このとき，写像

$$g \circ f: X \to Z,\ g \circ f(x) = g(f(x))$$

を f と g の**合成写像**という．

写像 $f: X \to Y$ における，像と逆像に関して次の基本的な事実が成り立つ：

(1) $B_1 \subset B_2 \subset Y \implies f^{-1}(B_1) \subset f^{-1}(B_2)$

(2) $B \subset Y$ に対して，$f^{-1}(Y - B) = X - f^{-1}(B)$.

(3) X の部分集合 A_1, A_2 に対して，

$$f(A_1 \cup A_2) = f(A_1) \cup f(A_2), \qquad f(A_1 \cap A_2) \subset f(A_1) \cap f(A_2).$$

(4) Y の部分集合 B_1, B_2 に対して，
$f^{-1}(B_1 \cup B_2) = f^{-1}(B_1) \cup f^{-1}(B_2)$,
$f^{-1}(B_1 \cap B_2) = f^{-1}(B_1) \cap f^{-1}(B_2)$.

写像 $f: X \to Y$ が与えられたとき，任意の $y \in Y$ に対して $f(x) = y$ をみたす $x \in X$ が存在するとき，f は**全射 (上への写像)** といい，任意の $x_1, x_2 \in X$ に対して $f(x_1) = f(x_2)$ と仮定する $x_1 = x_2$ であるとき，f は**単射 (中への写像)** という．f が全射かつ単射であるとき，**全単射**という．

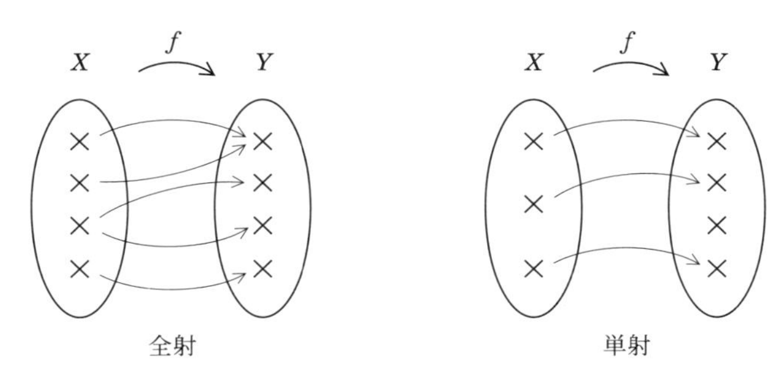

図 9.3 全射と単射

実数全体の集合を $\mathbb{R}$ で表し，複素数全体の集合を $\mathbb{C}$ で表す[2]．例えば，写像 $f: \mathbb{R} \to \mathbb{R}$, $f(x) = \cos x$ は $f(0) = f(2\pi)$ なので単射ではなく，$\cos x = 2$ を満たす実数 x は存在しないので，全射でもない．一方，$g: \mathbb{C} \to \mathbb{C}$, $g(z) = \cos z = \dfrac{e^{iz} + e^{-iz}}{2}$ は f と同じく単射ではないが，任意の $w \in \mathbb{C}$ に対して，$\dfrac{e^{iz} + e^{-iz}}{2} = w$ は複素数の範囲で解をもつ ($e^{iz} = X$ とおいて 2 次方程式 $X^2 - 2wX + 1 = 0$ を解けばよい) ので，g は全射である．

このように，写像はどの集合で定義されていて，どの集合に値をもつかが大変重要である．

問 9.2 次の写像 f, g に対して，逆写像 f^{-1}，g^{-1}，合成関数 $g \circ f$，$f \circ g$ を求めよ．

$$f: \mathbb{Z} \times \mathbb{Z} \longrightarrow \mathbb{Z} \times \mathbb{Z},\ (x, y) \mapsto (x+1, y-2),$$
$$g: \mathbb{Z} \times \mathbb{Z} \longrightarrow \mathbb{Z} \times \mathbb{Z},\ (x, y) \mapsto (-x, -y)$$

2] 数集合としての構成の仕方は，後述の § 9.4 で触れる．

9.3 論理について

二つの文章 p, q が与えられたとき，

$$\text{“}p \text{ ならば } q \text{ である”}\ \text{というのを}\ p \Rightarrow q$$

と書き，これを**命題**という．p を**仮定**，q を**結論**という．p の**否定**を $\bar{p}$ で表す．

命題が正しい場合は**真**であるといい，誤りである場合は**偽**であるという．命題が偽であるとき，仮定は満たすけれど結論が成り立たない例のことを**反例**という．例えば，

「自然数 m, n に対して，$m+n$ は偶数 $\Rightarrow$ mn は偶数」

という命題は偽である．$m=n=1$ とすると $m+n=2$ は偶数で，仮定は満たすが，$mn=1$ は奇数なので結論が成り立たない．したがって，$m=n=1$ は反例である．

命題“$p \Rightarrow q$”が正しいとき，p を q であるための**十分条件**といい，q を p であるための**必要条件**という．p が q であるための必要条件かつ十分条件であるとき**必要十分条件**といい，“$p \Leftrightarrow q$”と書く．このとき，p と q は**同値である**ともいう．

命題“$p \Rightarrow q$”に対して，

“$q \Rightarrow p$”をその命題の**逆**，

“$\bar{p} \Rightarrow \bar{q}$”を**裏**，

“$\bar{q} \Rightarrow \bar{p}$”を**対偶**

という．命題の真偽は，その命題の対偶の真偽と一致する．

問 9.3　次の命題に対して，逆，裏，対偶とそれらの真偽を求めよ．

「$a=4$ かつ $b=3$ ならば $a \cdot b = 12$ である」

9.4 数集合の構成

まず，整数の構成について解説する．第 1 章の内容と少し重複するが，数の集合についてのより厳密な定義を与える．**自然数**全体の集合を

$$\mathbb{N} = \{1, 2, 3, 4, 5, \cdots\}$$

で表す．$\mathbb{N}$ の中に 0 を加える流儀もある．$\mathbb{N}$ は和と積に関しては閉じているが，差や商は閉じていない．

整数全体の集合を

$$\mathbb{Z} = \{\cdots, -3, -2, -1, 0, 1, 2, 3, \cdots\}$$

で表す．もっと厳密には，$m,\ n \in \mathbb{N} \cup \{0\}$ に対して，次の六つの公理を満たす順序対 (m, n) の集合である：

(1) $(m,n) = (p,q) \iff m + q = n + p$ **(等号の定義)**

(2) $(m,n) > (p,q) \iff m + q > n + p$ **(不等号の定義 1)**

(3) $(m,n) < (p,q) \iff m + q < n + p$ **(不等号の定義 2)**

(4) $(m,n) + (p,q) = (m + p, n + q)$ **(加法の定義)**

(5) $(m,n) \times (p,q) = (mp + nq, np + mq)$ **(乗法の定義)**

(6) $(m,n) = m - n \quad (m \geqq n)$ **(自然数の包含)**

公理 (6) において，$n = 0$ とすればすべての自然数は $\mathbb{Z}$ に含まれている．この意味で，$\mathbb{Z}$ は $\mathbb{N}$ の拡張である．

次に，有理数の構成について解説する．

有理数全体の集合を

$$\mathbb{Q} = \left\{ \frac{p}{q}\ ;\ p \in \mathbb{Z},\ \ q \in \mathbb{N} \right\}$$

で表す．ただし，この分数 $\dfrac{p}{q}$ は本来定義すべき記号[3]である．厳密には，$p \in \mathbb{Z},\ q \in \mathbb{N}$ に対して，次の八つの公理を満たす順序対 (p, q) の集合である：

(1) $(p,q) = (r,s) \iff ps = qr$ **(等号の定義)**

(2) $(p,q) > (r,s) \iff ps > qr$ **(不等号の定義 1)**

(3) $(p,q) < (r,s) \iff ps < qr$ **(不等号の定義 2)**

(4) $(p,q) + (r,s) = (ps + qr, qs)$ **(加法の定義)**

3] そもそも分数は小学校の算数で割り算を習った後にでてくる記号である．もちろん，小学校では分数記号を正確には定義しない．有理数の公理をみればわかるように，割り算 $\div$ の定義が含まれている．

(5)　$(p,q)\times(r,s)=(pr,qs)$　　**(乗法の定義)**

(6)　$(p,q)-(r,s)=(ps-qr,qs)$　　**(減法の定義)**

(7)　$(p,q)\div(r,s)=(ps,qr)\qquad(r\neq 0)$　　**(除法の定義)**

(8)　$(p,q)=a\iff p=aq\qquad$(ただし，$a\in\mathbb{Z}$)　　**(整数の包含)**

こうして定まる順序対 (p,q) を**分数**といって，$\dfrac{p}{q}$ と書く．公理 (8) で，$q=1$ とするとすべての整数が $\mathbb{Q}$ に含まれていることがわかる．この意味で，$\mathbb{Q}$ は $\mathbb{Z}$ の拡張である．

次に，切断と実数の構成について解説する．

有理数全体が任意の $a_1\in A_1$，$a_2\in A_2$ に対して，$a_1<a_2$ となるように A_1，A_2 の 2 組の集合に分けられるとき，この組み分け (A_1,A_2) を**有理数の切断**という．例えば，q を任意の有理数とするとき，

$$A_1=\{x\,;\,x\leqq q,\ x\text{ は有理数}\},\qquad A_2=\{x\,;\,x>q,\ x\text{ は有理数}\}$$

とすると (A_1,A_2) は有理数の切断となっている．

有理数の切断 (A_1,A_2) について，次の四つの場合が考えられる：

(1)　A_1 に最大数があって，A_2 に最小数がない．

(2)　A_1 に最大数がなくて，A_2 に最小数がある．

(3)　A_1 に最大数がなくて，A_2 に最小数がない．

(4)　A_1 に最大数があって，A_2 に最小数がある．

上記の (1) は上であげた例の場合で，(2) は

$$A_1=\{x\,;\,x<q,\ x\text{ は有理数}\},\qquad A_2=\{x\,;\,x\geqq q,\ x\text{ は有理数}\}$$

とした場合で，どちらも**有端切断**とよばれる．

(4) は有理数の稠密性から起こりえないことがわかる．稠密性とは任意の有理数 p, q が $p<q$ を満たすとき，$p<r<q$ となる有理数 r が必ず存在するということである．

(3) の場合を**無端切断**といい，各々の無端切断に対して一つの**無理数** α を対応させて，

$$(A_1,A_2)=\alpha$$

と表す．任意の $x_1 \in A_1$, $x_2 \in A_2$ に対して $x_1 < \alpha$ かつ $x_2 > \alpha$ となる．

二つの無理数 $\alpha = (A_1, A_2)$, $\beta = (B_1, B_2)$ に対して，

$$\alpha = \beta \quad \Longleftrightarrow \quad A_1 = B_1,$$

一方，$\alpha \neq \beta$ ならば

$$\alpha < \beta \quad \Longleftrightarrow \quad A_2 \cap B_1 \neq \varnothing$$

により，無理数の相等と大小が定まる．

こうして，無端切断 $(A_1, A_2) = \alpha$ により**無理数** α が定まる．

そして，無理数と有理数の集合の和集合を**実数の集合**といい，$\mathbb{R}$ で表す．したがって，無理数全体の集合は $\mathbb{R} - \mathbb{Q}$ と表される．$\mathbb{R} - \mathbb{Q}$ にも切断を用いて，加減乗除が定義される．

次に，複素数の構成について解説する．

通常，**複素数**[4]全体の集合は虚数単位 $i = \sqrt{-1}$ を用いて，

$$\mathbb{C} = \{a + bi\ ;\ a, b \in \mathbb{R}\}$$

と定義されるが，厳密には a, $b \in \mathbb{R}$ に対して，次の五つの公理を満たす順序対 (a, b) の集合である：

(1) $(a, b) + (c, d) = (a + c, b + d)$ **(加法の定義)**

(2) $(a, b) - (c, d) = (a - c, b - d)$ **(減法の定義)**

(3) $(a, b) \times (c, d) = (ac - bd, ad + bc)$ **(乗法の定義)**

(4) $\dfrac{(a, b)}{(c, d)} = \left(\dfrac{ac + bd}{c^2 + d^2}, \dfrac{bc - ad}{c^2 + d^2}\right)$ **(除法の定義)**

(5) $(a, 0) = a$ **(実数の包含)**

ただし，公理 (4) で $(c, d) = (0, 0)$ のときは $\mathbb{R}$ の除法が定義されないので，この場合は除外されている．$(0, 1)$ を i (または $\sqrt{-1}$) と書くことにより，

$$(a, b) = (a, 0) + (0, b) = a + bi$$

と書くこともできるので，最初に述べた $\mathbb{C}$ の定義と一致する．

4] 複素数の名前の由来は，1 と i という複数の基本単位からなる数の意味であり，**2 元数**ということもある．その意味で，$\mathbb{R}$ は**単素数**あるいは **1 元数**ということもできる．

$$i^2 = (0,1) \times (0,1) = (-1,0) = -1$$

であることも容易に確かめられる．

9.5　代数的数と超越数

次に，整数を係数とする n 次方程式

$$a_0x^n + a_1x^{n-1} + \cdots + a_{n-1}x + a_n = 0$$

の解となる複素数を**代数的数**という．例えば，任意の有理数は1次方程式 $px = q$ の解となるので代数的数である．このほか，高校数学で馴染みの深い $\sqrt{2}$, $\sqrt[3]{4}$ 等も代数的数である．

代数的数でない複素数を**超越数**という．超越数の例としては

$$e,\ \pi,\ e^{\sqrt{2}},\ \log 2,\ 2^{\sqrt{2}},\ e^{\pi},\ \log_{10} 2$$

などが知られている[5]．超越数であることが判明した数の和が再び超越数になるかどうかの判定は一般にきわめて難しい問題である．例えば，$\pi + e^{\pi}$ は超越数になるが，$e + \pi$ が超越数かどうかは未解決のようである．ところで，著者は

“$\log \pi$ は無理数であるか，さらには超越数か？”

という問題に関心をもっている．

5]　しかし，これらの数が実際に超越数であることを示すのは，それぞれに難しい．

COLUMN ⑨数学的「力」とは？

受験数学では，限られた時間内でできるだけ多くの問題を解く，願わくばすべての問題を解くのが目標となります．話の理解を簡明にするため，数学的力（時間内で解を得る力）を数値化できると仮定します．自分の数学的な力を A とし，出題問題で要求される数学的力の max を B とします．受験で成功するには，理想的には不等式 $A \geqq B$ が成り立てばよいわけです．つまり，$A-B$ の値が限りなく 0 に近くても，何の問題もありません．穿った見方をすれば，$A-B$ の値がたとえ負であっても，その差がそれほど大きい値でさえなければよいわけです．しかし，大学の門をひとたびくぐると，そこは学問の学びの場であるため，特に数学においては受験勉強とは本質的に，根本的に異なります．問題が一つ解ければよいのではなくて，さらにさまざまな別解を生み出す能力が大切です．

筆者は学生を指導するときには，いつも「別解はない？」と問いかけることにしています．別解をみいだすというのは，問題を考える視点を変えるということです．言うなれば，単に問題が解ければよいのではなくて，$A-B$ の値をできるかぎり大きい値にすることが大事なのです．$A-B$ が正の値のとき，$A-B$ を「余力」といいます．

大学数学では，いわゆるこの‘余力’の部分がとても大切で，この問題は解けたが，別の問題は手も足も出ないという挫折感をしばしば余儀なくされることがあります．一つの問題を解きながら，できるだけさまざまな視点から考察し，余力を増し加えることをぜひ心懸けてください．

第10章

大学数学への誘い

本章では，大学の数学において基本となる考え方について触れたいと思う．これらはまったく新しいものではなく，その考え方の萌芽は高校数学の範囲の中にみいだすことができる．その繋がりに注目して，本章を大学数学への準備の章として活用していただきたい．

10.1　一次独立

零ベクトルではない平面ベクトル $\boldsymbol{a}$, $\boldsymbol{b}$ があって，互いに平行ではないとき，$\boldsymbol{a}$, $\boldsymbol{b}$ は**一次独立**であるという．

$\boldsymbol{a}$, $\boldsymbol{b}$ が一次独立であると，任意の平面ベクトル $\boldsymbol{c}$ は

$$\boldsymbol{c} = \alpha\boldsymbol{a} + \beta\boldsymbol{b} \qquad (\alpha, \beta \in \mathbb{R})$$

と書ける．この表し方は一意的である．すなわち，

$$\boldsymbol{c} = \alpha\boldsymbol{a} + \beta\boldsymbol{b}, \qquad \boldsymbol{c} = \alpha'\boldsymbol{a} + \beta'\boldsymbol{b}$$

と二通りに書けたとしても，$\alpha = \alpha'$, $\beta = \beta'$ が成り立つ．なぜならば，辺々減じると

$$(\alpha - \alpha')\boldsymbol{a} + (\beta - \beta')\boldsymbol{b} = \boldsymbol{0}$$

を得るが，もし $\alpha - \alpha' \neq 0$ ならば，この等式から $\boldsymbol{a}$ と $\boldsymbol{b}$ が平行となるからである．

この事実はベクトルのさまざまな問題で重要な役割を果たす．

例題 10.1 △OAB において，OB の中点を C とし，AB を $1:3$ に内分する点を

Dとする．ODとACの交点をEとするとき，$\overrightarrow{\mathrm{OE}}$を$\overrightarrow{\mathrm{OA}}=\boldsymbol{a}$と$\overrightarrow{\mathrm{OB}}=\boldsymbol{b}$で表せ．

まずは，$\overrightarrow{\mathrm{OD}}=\frac{3}{4}\boldsymbol{a}+\frac{1}{4}\boldsymbol{b}$である．$\overrightarrow{\mathrm{OE}}=k\overrightarrow{\mathrm{OD}}$とおけるので，

$$\overrightarrow{\mathrm{OE}}=\frac{3}{4}k\boldsymbol{a}+\frac{1}{4}k\boldsymbol{b} \qquad (*)$$

である．いっぽう，$\mathrm{AE}:\mathrm{EC}=t:1-t$とすると，

$$\overrightarrow{\mathrm{OE}}=(1-t)\boldsymbol{a}+t\overrightarrow{\mathrm{OC}}=(1-t)\boldsymbol{a}+\frac{t}{2}\boldsymbol{b} \qquad (**)$$

である．$\boldsymbol{a}$, $\boldsymbol{b}$が一次独立であるので，$(*), (**)$より，連立方程式

$$\frac{3}{4}k=1-t, \qquad \frac{1}{4}k=\frac{t}{2}$$

を得る．これを解くと，$k=\frac{4}{5}$, $t=\frac{2}{5}$を得る．よって，

$$\overrightarrow{\mathrm{OE}}=\frac{3}{5}\boldsymbol{a}+\frac{1}{5}\boldsymbol{b}$$

である． □

零ベクトルではない空間ベクトル$\boldsymbol{a}$, $\boldsymbol{b}$, $\boldsymbol{c}$があって，どの二つも互いに平行ではないとき，$\boldsymbol{a}$, $\boldsymbol{b}$, $\boldsymbol{c}$は**一次独立**であるという．

$\boldsymbol{a}$, $\boldsymbol{b}$, $\boldsymbol{c}$が一次独立であると，任意の空間ベクトル$\boldsymbol{d}$は

$$\boldsymbol{d}=\alpha\boldsymbol{a}+\beta\boldsymbol{b}+\gamma\boldsymbol{c} \qquad (\alpha,\beta,\gamma\in\mathbb{R})$$

と書ける．この表し方は平面ベクトルの場合と同様に一意的である．

10.2 固有値

正方行列Aは，一次変換を表す変換行列であり，ベクトルを他のベクトルに移す，すなわち$A\boldsymbol{x}=\boldsymbol{y}$．ただし，$\boldsymbol{x}\neq\boldsymbol{0}$とする．大抵，$\boldsymbol{x}$と$\boldsymbol{y}$は平行ではない(すなわち，$\boldsymbol{x}$と$\boldsymbol{y}$は一次独立である)．しかし，特別なベクトルを選ぶと平行になる，言い換えれば$\boldsymbol{y}=k\boldsymbol{x}$となる場合がある．この特別なベクトルとスカラー$k$の値が行列$A$の一次変換としての重要な性質を握っているのである．つまり，$A\boldsymbol{x}=k\boldsymbol{x}$を満たす$k$と$\boldsymbol{x}$を求めることは，行列$A$の性質を知る重要な手がか

りとなる．簡単のため，A が 2 次正方行列の場合に限定して話を進めよう．$A = \begin{pmatrix} a & b \\ c & d \end{pmatrix}$ のとき，A^n を求めて見よう．ケーリー–ハミルトンの定理から

$$A^2 - (a+d)A + (ad-bc)E = O \qquad (E : \text{単位行列})$$

が成り立つ．もしも $ad - bc = 0$ ならば，すなわち A が正則でないならば話は簡単で，$A^2 = (a+d)A$ なので，

$$A^n = (a+d)^{n-1}A$$

を得る．ここで，$a+d$ は行列 A のトレースであることに注意する．つまり，A が逆行列を持たない場合は，A^n はトレースで完全に定まるのである．次に，$ad - bc \neq 0$ の場合を考えよう．そこで，整式 x^n を 2 次式 $x^2 - (a+d)x + ad - bc$ で割ったときの余りを $px + q$ とすると

$$x^n = \{x^2 - (a+d)x + ad - bc\}Q(x) + px + q$$

が成り立つ．ここで，2 次方程式 $x^2 - (a+d)x + ad - bc = 0$ の解を k_1, k_2 とすると，p と q はこれらの解によってきまる．これを行列の等式に書き直すと

$$A^n = \{A^2 - (a+d)A + (ad-bc)E\}Q(A) + pA + qE$$

となるので，ケーリー–ハミルトンの定理から，$A^n = pA + qE$ を得る．つまり，A^n は本質的に 2 次方程式 $x^2 - (a+d)x + ad - bc = 0$ の解 k_1, k_2 によって完全に決まるのである．では，これらの解 k_1, k_2 と上で述べた $A\boldsymbol{x} = k\boldsymbol{x}$ における k の間には何か関係があるだろうか？　$A = \begin{pmatrix} a & b \\ c & d \end{pmatrix}$，$\boldsymbol{x} = \begin{pmatrix} x \\ y \end{pmatrix}$ とおくと，$A\boldsymbol{x} = k\boldsymbol{x}$ は連立方程式

$$\begin{cases} ax + by = kx \\ cx + dy = ky \end{cases} \quad \text{すなわち，} \quad \begin{cases} (a-k)x + by = 0 \\ cx + (d-k)y = 0 \end{cases}$$

を得る．これは $x = y = 0$ 以外の解をもつことを意味する．したがって，行列 $\begin{pmatrix} a-k & b \\ c & d-k \end{pmatrix}$ は逆行列をもたないので，$(a-k)(d-k) - bc = 0$ を満たす k を求めればよいことになる．この 2 次方程式を整理すると，$k^2 - (a+d)k + ad - bc = 0$ となり，結局のところ解 k_1, k_2 と上で述べた $A\boldsymbol{x} = k\boldsymbol{x}$ における k の値は一致することがわかった．なお，解と係数の関係より，$a + d = k_1 + k_2$, $ad - bc =$

k_1k_2 が成り立つことに注意する．こうして次の定義が大変重要な意味を持つことになるのである．正方行列 A が与えられたとき，

$$A\boldsymbol{x} = k\boldsymbol{x} \qquad (\boldsymbol{x} \neq \boldsymbol{0})$$

を満たす k の値を**固有値**といい，$\boldsymbol{x}$ を固有値 k に対応する**固有ベクトル**という．固有値は，$|A - kE| = 0$ を解いて得られる．この方程式を**固有方程式**という．

問 10.1 次のそれぞれの行列を A とするとき，A^n を求めよ．

(1) $\begin{pmatrix} 1 & 2 \\ 2 & 4 \end{pmatrix}$　(2) $\begin{pmatrix} 1 & a \\ 0 & 1 \end{pmatrix}$　(3) $\begin{pmatrix} 4 & 2 \\ 1 & 3 \end{pmatrix}$

10.3 同値関係

数学で重要なのが数学的対象を“分類する”ことである．もう少し卑近な言い方をすると，考察の対象とする集合を“部屋分けする”ことである．この分類 (部屋分け) の基準となるのが，**同値関係**である．そこで，まずは同値関係について説明しておこう．集合 X の元を $x, y \in X$ とするとき，x と y の間に関係 $x \sim y$ が定まっているとする．このとき，任意の $x, y, z \in X$ に対して，

(1) $x \sim x$ が成り立つ．
(2) $x \sim y$ ならば $y \sim x$ が成り立つ．
(3) $x \sim y$ かつ $y \sim z$ ならば，$x \sim z$ が成り立つ．

これら三つの条件を満たすとき，関係 $x \sim y$ のことを**同値関係**という．(1) を**反射律**，(2) を**対称律**，(3) を**推移律**などとよぶ．

例えば，X を地球上に住む人類すべての集合としよう．X は現在おおよそ 72 億人から．そこで，X を男性と女性に分けよう．つまり，$x, y \in X$ に対して，性が同じ場合に $x \sim y$ と定めるのである．すると，x さんは自分自身と性が同じなので，$x \sim x$ が成り立つ．x さんと y さんの性が同じならば，当然 y さんと x さんの性も同じであるから，対称律が成り立つ．今度は，x さんと y さん，さらに z さんの性を考えるが，x さんと y さんの性が同じで，y さんと z さんの性が同じならば，x さんと z さんの性が一致するのは当たり前である．したがって，性

が同じならば関係 $\sim$ があるというのは，人類の集合 X における同値関係になる．

(1)〜(3) のどれか一つの条件でも破綻する関係 $\sim$ は，数学的に良い分類基準ではないので排除する訳である．例えば，数の大小関係 $a \leqq b$ というのは同値関係にはならない．$a \leqq a$ は明らかで，$a \leqq b$, $b \leqq c$ ならば $a \leqq c$ なので，(1) と (3) は成り立つが，対称律は成り立たない．なぜなら，例えば $1 \leqq 2$ ならば $2 \leqq 1$ が成り立つとすると，$1 = 2$ でなければならないというおかしな結論が導かれてしまうからである．同値関係を設定することは，研究すべき数学の枠組みを一つ定めることを意味する．

では，なぜ同値関係を考えるのかというと，集合が易しくなり，扱いやすくなるからである．これを説明するために，'同値類' と '商集合' の記号を導入しておく．$x \in X$ に対して，集合

$$[x] = \{y \in X \ ; \ x \sim y\}$$

を考え，元 x が属する**同値類**という．さらに，同値類 $[x]$ を今度は一つの元と考えて，同値類全体からなる集合を

$$X/\!\sim\, = \{[x_1], [x_2], [x_3], \cdots\}$$

と書いて，X の同値関係 $\sim$ による (あるいは同値関係で割って得られる) **商集合**という．x_1, x_2, x_3 などを**代表元**というが，$x \sim y$ ならば，もちろん $[x] = [y]$ である．つまり，同値関係を考えるというのは集合の割り算にあたる考え方なのである．小学校の算数で加減乗除を習ったときも，除法すなわち割り算は，分数の考え方そのもので四則演算の中で一番難しかったことをご記憶の読者もおられるであろう．割り算は，集合においても一番高級な概念なのである．

整数の集合 $\mathbb{Z}$ において，簡単な商集合の例を一つ考えてみる．m, $n \in \mathbb{Z}$ に対して，関係

$$m \sim n \quad \overset{\text{定義}}{\Longleftrightarrow} \quad m - n \text{ が偶数}$$

を考えると，これは同値関係になる．なぜなら，$m - m = 0$ で，0 は偶数であるから，$m \sim m$ である．$m - n = -(n - m)$ なので，$m - n$ が偶数ならば $n - m$ も偶数で，対称律が成り立つ．$l - m$, $m - n$ が偶数ならば，$l - n = (l - m) + (m - n)$ も偶数の和なので，明らかに偶数であるから，推移律も成り立ち，関

係 $\sim$ が同値関係であることがわかった．この同値関係 $\sim$ による商集合を考えると，$\mathbb{Z}/\!\sim = \{[0],[1]\}$ のように二つの元からなる集合になる．無限集合 $\mathbb{Z} = \{0, \pm 1, \pm 2, \pm 3, \cdots\}$ を同値関係で割ると，たった 2 個の元からなる集合になった．

この例を少し拡張しよう．任意の整数 a, $b \in \mathbb{Z}$ に対して，ある正整数 n があって，$a-b$ が n の倍数になるとき，**a と b は n を法として合同である**といい，

$$a \equiv b \pmod{n}$$

と書いた．そこで，関係

$$a \sim b \overset{\text{定義}}{\iff} a \equiv b \pmod{n}$$

を考えると，これは同値関係になる．この同値関係による商集合は，n 個の元からなる $\mathbb{Z}/\!\sim = \{[0],[1],\cdots,[n-1]\}$ になる．

こうした見方をまとめてみよう．集合において同値関係を考えると，次のような利点が生じる：

- X がとてつもなく大きい集合であるとき，X の性質を受け継いだより小さい集合 $X/\!\sim$ が得られる．
- 集合 X のままでは数学的に扱いが難しいとき，より小さい集合 $X/\!\sim$ は数学的に扱いやすくなる．
- 集合 X には演算が定義できなくても，$X/\!\sim$ には演算が定義できて，これが群・環・体となり，代数的に計算できるようになる (ことがある)．

商集合には失われる情報はあっても，もとの集合の骨格は残っていると考えられるのである．

問 10.2 自然数 $m, n, m', n' \in \mathbb{N}$ に対して，関係 $(m,n) \sim (m',n')$ を

$$m + n' = n + m'$$

が成り立つときと定める．この関係 $\sim$ は同値関係であることを示せ．

10.4 群とその応用

集合 G に演算 $*$ が定義されていて，$a,\ b \in G$ に対して，$a*b \in G$ が成り立つとき，この演算は**閉じている**という．

集合 G に閉じた演算 $*$ が定義されていて，結合法則

$$a*(b*c) = (a*b)*c$$

が成り立ち，ある元 $e \in G$ が存在して

$$a*e = e*a = a$$

が成り立ち，任意の元 $a \in G$ に対して，ある元 $x \in G$ が存在して

$$a*x = x*a = e$$

が成り立つとき，G は**群** (group) であるという．ここで，e を**単位元**といい，x を a の逆元といい，$x = a^{-1}$ と書く．

さらに，群 G において，$a*b = b*a$ が成り立つとき，G を**可換群**あるいは**加群**という．

例えば，整数全体の集合 $\mathbb{Z}$ は演算として，加法を採用することにより，可換群となる．実際，演算が閉じていることと，結合法則を満たすことは明らかだし，$0 \in \mathbb{Z}$ は単位元を表し，任意の $m \in \mathbb{Z}$ に対して，$-m \in \mathbb{Z}$ は m の逆元だからである．

問 10.3 $\mathbb{Z}$ が可換群となることの詳細を補え．

n を 2 以上の自然数とするとき，集合 $\mathbb{Z}_n = \{0, 1, 2, \cdots, n-1\}$ は演算を

$$a*b = a+b \pmod{n}$$

と定義することにより，可換群となる．

問 10.4 $\mathbb{Z}_n$ が可換群となることを確かめよ．

もう一つ群の例を与えておこう．M_n で n 次正方行列全体の集合を表すとす

る．$A, B \in M_n$ に対して，行列の加法 $A + B \in M_n$ を演算に採用することにより，M_n は可換群となる．

問 10.5 M_n が可換群となることを確かめよ．

さらに，M_n の部分集合

$$GL_n = \{A \in M_n \,;\, |A| \neq 0\}$$

を考える．ここで，$|A|$ は行列 A の行列式を表す．

問 10.6 GL_n が行列の積を演算にして，群となることを確かめよ．さらに GL_n は可換群ではないことを確かめよ．

さて，群 GL_n から実数全体 $\mathbb{R}$ から 0 を除いた集合 $\mathbb{R} - \{0\}$ への写像を

$$f : GL_n \to \mathbb{R} - \{0\}, \quad f(A) = |A|$$

で定める．$\mathbb{R} - \{0\}$ は積を演算として，群をなすので，群から群への写像と考えられるが，行列式の性質から

$$f(AB) = |AB| = |A|\,|B| = f(A) \cdot f(B)$$

が成り立つので，写像 f は群の演算を保つ写像と考えられる．このように，群 G から群 G' への写像 $f : G \to G'$ が演算を保つとき，すなわち $f(a * b) = f(a) \circ f(b)$ が成り立つとき，写像 f を準同型写像とよぶ．ただし，$*$ は群 G の演算を表し，$\circ$ は群 G' の演算を表す．

$f : G \to G'$ が準同型写像であり，さらに f が全単射であるとき，f を同型写像といい，群 G と群 G' は同型であるという．

例題 10.2 方程式 $x^3 = 1$ の解全体を G と表すとき，G は群になることを示せ．さらに，G は $\mathbb{Z}_3$ に同型となることを示せ．

解 方程式は，$x^3 - 1 = (x-1)(x^2 + x + 1) = 0$ と因数分解できるので，

解は $x=1,\ \dfrac{-1+\sqrt{3}i}{2},\ \dfrac{-1-\sqrt{3}i}{2}$ である．簡単のため，$\omega=\dfrac{-1+\sqrt{3}i}{2}$ とおく．$\omega^3=1,\ \omega^2+\omega+1=0$ が成り立つことに注意する．さらに，$\omega^2=\dfrac{-1-\sqrt{3}i}{2}$ である．すると，$G=\{1,\omega,\ \omega^2\}$ である．このとき，$1\cdot\omega=\omega\cdot 1=\omega,\ 1\cdot\omega^2=\omega^2\cdot 1=\omega^2$ であり，

$$\omega\cdot\omega^2=\omega^2\cdot\omega=\omega^3=1$$

より，G が積を演算として，可換群をなすことがわかる．

さらに，$f:G\to\mathbb{Z}_3$ を $f(1)=0,\ f(\omega)=1,\ f(\omega^2)=2$ と定めると，f は明らかに全単射であり，準同型写像であることがわかる．ゆえに，f は同型写像であり，G は $\mathbb{Z}_3$ と同型である．　□

問 10.7　方程式 $x^4=1$ の解全体を G と表すとき，G は群になることを示せ．さらに，G は $\mathbb{Z}_4$ に同型となることを示せ．

COLUMN

⑩ 最後にチャレンジ問題

本書を終えるにあたり，実数に関わる高校生が解ける問題を解説して締めくくります．この問題は，毎年 11 月 3 日 (祭日) に行われる「近畿大学数学コンテスト」の第 16 回 (2013 年) のものです：

「実数 $ne^{\frac{1}{100}}$ に最も近い整数値が 2013 となるような自然数 n の値を求めてください．ただし，e は自然対数の底を表します．」

$e^{\frac{1}{100}}$ が無理数なので，うまくこの値を評価するのが問題の骨子となります．
$0 < x < 1$ のとき，不等式

$$x + 1 < e^x < 1 + x + \frac{e}{2}x^2 \tag{10.1}$$

が成り立ちます．まずは後半部分を証明します．$f(x) = 1 + x + \frac{e}{2}x^2 - e^x$ とおきます．$f'(x) = 1 + ex - e^x$, $f''(x) = e - e^x$ なので，$0 < x < 1$ のとき，$f''(x) > 0$ です．よって，$f'(x)$ は単調増加です．したがって，$x > 0$ のとき，$f'(x) > f'(0) = 0$ です．よって，$f(x)$ も単調増加です．ゆえに，$x > 0$ のとき，$f(x) > f(0) = 0$ であるので，求める不等式の後半部分が証明できました．前半部分 $x + 1 < e^x$ は明らかなので，省略します．

さて，(10.1)に $x = \frac{1}{100}$ を代入して，n を掛けると

$$\frac{101}{100}n < ne^{\frac{1}{100}} < \frac{ne}{20000} + \frac{101}{100}n \tag{10.2}$$

を得ます．(以下の考察には，粗い評価式 $e < 3$ のみを用います．)

このとき，$\frac{e}{20000} < \frac{3}{20000} = 0.000015$ なので，題意を満たす n(の候補) を見つけるためには，まずは $\frac{101}{100}n$ が 2013 に近くなる場合を求めてみます．

$$\frac{101}{100} \cdot 1992 = 2011.92, \qquad \frac{101}{100} \cdot 1993 = 2012.93,$$

$$\frac{101}{100} \cdot 1994 = 2013.94$$

ですから，$n = 1993$ が答えの候補です．$n = 1992, 1993, 1994$ のいずれかとすると，

$$\frac{ne}{20000} < \frac{3}{20000} \cdot 2000 = 0.3 \tag{10.3}$$

です．よって，$ne^{\frac{1}{100}}$ の値は n の 1 次関数であり，(10.2)と (10.3)より

$$2012.93 < 1993\,e^{\frac{1}{100}} < \frac{1993e}{20000} + \frac{101}{100} \cdot 1993 < 2013.23$$

なので，確かに $n = 1993$ が求める答えになっています．

演習問題の解答

各章末の演習問題の略解をここで述べる．なお，解説を次の引用に頼る部分がある：

[接点] 『高校数学と大学数学の接点』佐久間一浩著 (日本評論社)，2012 年 9 月.

[公式] 『モノグラフ　公式集』矢野健太郎監修 (科学新興新社)，2011 年 4 月.

第1章の解答

問 1.1 (1) 3　(2) 204　(3) 34

問 1.2 $\alpha = 4,\ a = 2,\ b = -6$

問 1.3 $\dfrac{265}{153} = 1.73202614379,\ \dfrac{1351}{780} = 1.73205128205$ を得る.

いっぽう，$\sqrt{3} \fallingdotseq 1.7320\,5080756$ であるので求める不等式を得る.

問 1.4 10

$\left(\dfrac{2}{\sqrt{n+2}+\sqrt{n}} = \dfrac{2(\sqrt{n+2}-\sqrt{n})}{(\sqrt{n+2}+\sqrt{n})(\sqrt{n+2}-\sqrt{n})} = \sqrt{n+2}-\sqrt{n}\right.$ であることを利用せよ．)

問 1.5 $x+y=10,\ xy=1$ なので，$x^2+y^2=(x+y)^2-2xy=98,\ x^3+y^3=(x+y)(x^2-xy+y^2)=970.$

問 1.6 因数分解の公式 $x^3-1=(x-1)(x^2+x+1)$ より，$x^3=(x-1)(x^2+x+1)+1$ を得るので，余りは 1 である．また，$x^4-x=x(x-1)(x^2+x+1)$ より，$x^4=x(x-1)(x^2+x+1)+x$ を得るので，余りは x である．同様に，$x^5=x^2(x-1)(x^2+x+1)+x^2=x^2(x-1)(x^2+x+1)+(x^2+x+1)-x-1$ を得るので，余りは $-x-1$ である.

問 1.7 pq の約数は p の約数か q の約数であるから，$p+q$ が p の約数をもつとする．$p=p_1p_2p_3\cdots p_i\cdots p_n$ とおくと，$p+q=p_i\left(\dfrac{p}{pi}+\dfrac{q}{p_i}\right)$ となる．$\dfrac{q}{p_i}$ は p と q が互いに素であることから整数になり得ない．よって $p+q$ は p の約数をもたない．q に関しても同様に $p+q$ は q の約数をもたないので，$p+q$ と pq は互いに素である.

問 1.8 コラム②参照.

問 1.9 $\dfrac{1}{\sqrt[3]{2}-1} = \dfrac{\sqrt[3]{4}+\sqrt[3]{2}+1}{(\sqrt[3]{2}-1)(\sqrt[3]{4}+\sqrt[3]{2}+1)} = \dfrac{\sqrt[3]{4}+\sqrt[3]{2}+1}{(\sqrt[3]{2})^3-1^3} = \sqrt[3]{4}+\sqrt[3]{2}+1.$

問 1.10 $\alpha^3\beta^3=-1$ より $\alpha\beta=-1$．また $\alpha^3+\beta^3=14$．よって $(\alpha+\beta)^3=14-3(\alpha+\beta)$ となるので，$X^3+3X-14=0$ の解を求めればよい．したがって $\alpha+\beta=2,\ -1\pm\sqrt{6}i.$

問 1.11 $(a+b+c)^3=3(a+b+c)(a^2+b^2+c^2)-2(a^3+b^3+c^3)+6abc$ より $abc=$

$\frac{1}{6}(X^3-3XY+2Z)$

問 1.12 [接点] の問題 48 とその解答を参照.

第2章の解答

問 2.1 (1) $(x-2)(x-5)=0,\ x=2,5.$

(2) $x \geqq -2$ のとき $x^2+4x-(x+2)=8,\ x^2+3x-10=0,\ (x+5)(x-2)=0,\ x=2.$ $x<-2$ のとき $x^2+4x-(-x-2)=8,\ x^2+5x-6=0,\ (x+6)(x-1)=0,\ x=-6.$ よって，$x=-6,2.$

(3) $(x+1)(x-1)(x+3)(x-3)=0$ の解を求めればよい．したがって $x=\pm1,\pm3.$

(4) $(x+2)^2(x^2+4x-6)=0$ の解を求めればよい．したがって $x=-2\pm\sqrt{10},-2.$

問 2.2 $a>0,\ b>0,\ c>0$ より $a+b \geqq 2\sqrt{ab},\ b+c \geqq 2\sqrt{bc},\ c+a \geqq 2\sqrt{ca}.$ したがって $(a+b)(b+c)(c+a) \geqq 8abc.$

問 2.3 (1) $a>0,\ b>0,\ c>0$ より $\dfrac{a+b+c}{3} \geqq \sqrt[3]{abc}.$ $a+b+c=1$ なので $abc \leqq \dfrac{1}{27}.$

(2) $a^2+b^2+c^2 \geqq 3\sqrt[3]{a^2b^2c^2}=\dfrac{1}{3}$ より $a^2+b^2+c^2 \geqq \dfrac{1}{3}.$

問 2.4 (1) $x \equiv 2,\ 3 \pmod 5$

(2) $x \equiv 6 \pmod 7$

問 2.5 p は奇数なので，$p^2 \equiv 1 \pmod 8$. p は 3 で割り切れないので，$p^2 \equiv 1 \pmod 3$. よって証明できる.

問 2.6 $\left(x+\dfrac{1}{x}\right)^2-12=0$ より $x+\dfrac{1}{x}=\pm2\sqrt{3}.$ よって $x=\sqrt{3}\pm\sqrt{11},\ x=-\sqrt{3}\pm\sqrt{11}.$

問 2.7 $x^5-1=(x-1)(x^4+x^3+x^2+x+1)$ より $x^4+x^3+x^2+x+1=0$ の解を考える．$x+\dfrac{1}{x}=\dfrac{-1\pm\sqrt{5}}{2}$ より $x=\dfrac{-1+\sqrt{5}\pm\sqrt{10+2\sqrt{5}}i}{4},\ \dfrac{-1-\sqrt{5}\pm\sqrt{10-2\sqrt{5}}i}{4}.$ したがって $x^5=1$ の解は $x=1,\ \dfrac{-1+\sqrt{5}\pm\sqrt{10+2\sqrt{5}}i}{4},\ \dfrac{-1-\sqrt{5}\pm\sqrt{10-2\sqrt{5}}i}{4}.$

問 2.8 最小値 4 ($a=0,\ b=2$ のとき).

問 2.9 $x^3=15x+4$ は異なる三つの実数解をもつので，x は実数.

問 2.10 (1) $(2n)^2 \equiv 0 \pmod 4, (2n+1)^2 \equiv 1 \pmod 4$ より明らか.

(2) $(8n)^2 \equiv 0 \pmod 8,\ (8n+1)^2 \equiv 1 \pmod 8,\ (8n+2)^2 \equiv 4 \pmod 8,\ (8n+3)^2 \equiv$

$1 \pmod 8$, $(8n+4)^2 \equiv 0 \pmod 8$, $(8n+5)^2 \equiv 1 \pmod 8$, $(8n+6)^2 \equiv 4 \pmod 8$, $(8n+7)^2 \equiv 1 \pmod 8$ より明らか.

問 2.11 [接点] の問題 15 および問題 48 とその解答を参照.

第3章の解答

問 3.1 (1) $\log_2 8^{-1} = -\log_2 2^3 = -3$ (2) $\log_7 \dfrac{1}{49} = \log_7 7^{-2} = -2$

(3) $\log_9 27 = \dfrac{\log_3 27}{\log_3 9} = \dfrac{3}{2}$

(4) $4\log_{10}\sqrt{150} - \log_{10} 54 + \log_{10} 24 = \log_{10}(150^{\frac{1}{2}})^4 + \log_{10}\dfrac{24}{54} = \log_{10} 150^2 \cdot \dfrac{4}{9} = \log_{10} 10^4 = 4$

問 3.2 (1) $f^{-1}(x) = x^3 - 1$ (2) $g^{-1}(x) = 3^x - 1$

問 3.3 求める方程式を $\dfrac{x^2}{a^2} + \dfrac{y^2}{b^2} = 1$ とおくと $\sqrt{a^2 - b^2} = 5$, $2a = 12$ (もしくは $\sqrt{b^2 - a^2} = 5$, $2b = 12$) を解いて $\dfrac{x^2}{36} + \dfrac{y^2}{11} = 1$ $\left(\dfrac{x^2}{11} + \dfrac{y^2}{36} = 1\right)$.

問 3.4 $\dfrac{b}{a} = \sqrt{3}$, $a^2 + b^2 = 12$ を解いて $\dfrac{x^2}{3} - \dfrac{y^2}{9} = 1$.

問 3.5 $D = k^2 - 4 \cdot 3 \cdot 3 > 0$ を解いて $k < -6$, $6 < k$.

問 3.6 相加・相乗平均の不等式より $x^2 + \dfrac{1}{x^2} \geqq 2\sqrt{x^2 \cdot \dfrac{1}{x^2}} = 2$. したがって $x^2 + \dfrac{1}{x^2} > 0$, $\dfrac{x^4+1}{x^2} > 0$, $\dfrac{x^2}{x^4+1} > 0$ よりもう一度相加・相乗平均の不等式を用いると $x^2 + \dfrac{1}{x^2} + \dfrac{9x^2}{x^4+1} \geqq 6$.

問 3.7 $y = \sqrt{x+7}$, $y = ax - 2a + 3$ はどちらも点 $(2, 3)$ を通るため, 解の個数は 1 以上である. 解の個数が 2 個になる a の値は, 正で $(2, 3)$, $(-7, 0)$ を通る直線の傾きより小さいときである. ただし, $y = ax - 2a + 3$ が $y = \sqrt{x+7}$ の点 $(2, 3)$ での接線になるときは除く. $(2, 3)$, $(-7, 0)$ を通る直線は $y = \dfrac{1}{3}x + \dfrac{7}{3}$. $y = ax - 2a + 3$ が $y = \sqrt{x+7}$ の点 $(2, 3)$ での接線になるのは $x + 7 = (ax - 2a + 3)^2$ が重解をもつときであるから, $a = \dfrac{1}{6}$. したがって解の個数は $0 < a < \dfrac{1}{6}$, $\dfrac{1}{6} < a \leqq \dfrac{1}{3}$ のとき 2 個, $a \leqq 0$, $a = \dfrac{1}{6}$, $\dfrac{1}{3} < a$ のとき 1 個.

問 3.8 $|\mathrm{AB}| = 2\sqrt{5}$, $|\mathrm{BC}| = 5\sqrt{2}$, $|\mathrm{CA}| = 5\sqrt{2}$ より三角形 ABC は二等辺三角形である. AB の中点 $(0,\ 4)$ と点 C との距離は $3\sqrt{5}$. よって $2\sqrt{5} \cdot 3\sqrt{5} \cdot \dfrac{1}{2} = 15$.

問 3.9　円 $(x+1)^2+(y-2)^2=2$ より，中心 $\mathrm{C}(-1,2)$，半径 $\sqrt{2}$ である．また点 $(2,3)$ を通る直線 ℓ は $y-3=m(x-2)$ より $\ell: mx-y-2m+3=0$．点 C と直線 ℓ の距離が半径 $\sqrt{2}$ と等しくなればよいので，$\dfrac{(-1)m+2(-1)-2m+3}{\sqrt{m^2+1}}=\sqrt{2}$ ([公式] §20 を参照)．これを解いて $m=1,\ \dfrac{1}{7}$．よって $y=x+1,\ y=-\dfrac{1}{7}x+\dfrac{23}{7}$．

問 3.10　[接点] の問題 13 とその解答を参照．

第4章の解答

問 4.1　$75^\circ=30^\circ+45^\circ$ として加法定理より，$\sin 75^\circ=\dfrac{\sqrt{6}+\sqrt{2}}{4}$，$\cos 75^\circ=\dfrac{\sqrt{6}-\sqrt{2}}{4}$，$\tan 75^\circ=\dfrac{\sqrt{3}+1}{\sqrt{3}-1}$．

問 4.2　3 倍角の公式の証明には加法定理を 2 回用いる．$\sin^2\dfrac{x}{2}$ と $\cos^2\dfrac{x}{2}$ は $\cos x=\cos\left(\dfrac{x}{2}+\dfrac{x}{2}\right)$ とし加法定理を用いて，$\sin^2\dfrac{x}{2}+\cos^2\dfrac{x}{2}=1$ を代入する．$\tan\dfrac{x}{2}$ は $\sin^2\dfrac{x}{2}$ と $\cos^2\dfrac{x}{2}$ から直ちにわかる．

問 4.3　$(\sin\theta+\cos\theta)^2=x^2$ より $\sin\theta\cos\theta=\dfrac{x^2-1}{2}$．$\sin^3\theta+\cos^3\theta=\dfrac{-2x^3+3x}{2}$．

問 4.4　$\tan\theta=\dfrac{1}{2}$ を両辺 2 乗して $\dfrac{1-\cos^2\theta}{\cos\theta}=\dfrac{1}{4}$．これを解いて $\cos\theta=\pm\dfrac{2}{\sqrt{5}}$，$\sin\theta=\pm\dfrac{1}{\sqrt{5}}$．

問 4.5　$\dfrac{\sqrt{3}}{8}$

問 4.6　$s=21$ より，$S=\sqrt{s(s-13)(s-14)(s-15)}=84$．$S=rs$，$S=\dfrac{abc}{4R}$ を用いて $r=4$，$R=\dfrac{65}{8}$．

問 4.7　$\cos 36^\circ=\dfrac{1+\sqrt{5}}{4}$．

(1)　$\cos 36^\circ=X$，$AD=Y$ とおくと，$XY=\dfrac{1}{2}AD=\dfrac{1}{2}$．また $BC^2=Y^2=1^2+1^2-2\cdot1\cdot1\cdot X$ より，$Y=\dfrac{1}{2X}$ を代入して，$8X^3-8X^2+1=0$ を $X>0$ で解けばよい．

(2)　$\sin 2\theta=\sin 72^\circ=\sin(90^\circ-18^\circ)$，$\sin 3\theta=\sin 108^\circ=\sin(90^\circ+18^\circ)$ より，$\sin 2\theta=\sin 3\theta$．3 倍角と 2 倍角の公式を使って，$3\sin\theta-4\sin^3\theta=2\sin\theta\cos\theta$．したがって $4\cos^2\theta-2\cos\theta-1=0$ を $\cos\theta>0$ で解けばよい．

問 4.8 半角の公式を使う．$\cos 18^\circ > 0$ より，$\cos 18^\circ = \dfrac{\sqrt{10+2\sqrt{5}}}{4}$.

問 4.9 $\sin(2\theta + 3\theta)$ として加法定理，さらに 2 倍角の公式と 3 倍角の公式を用いる．

問 4.10 [接点] の問題 11 とその解答を参照．

第5章の解答

問 5.1 $\boldsymbol{a} \cdot \boldsymbol{b} = 1,\ \boldsymbol{a} \times \boldsymbol{b} = (7, -2, 1)$

問 5.2
$$\begin{vmatrix} 2 & 1 & 3 & 1 \\ 0 & 2 & 1 & 0 \\ 0 & 0 & 4 & 0 \\ -1 & 0 & 3 & 2 \end{vmatrix} = 2 \begin{vmatrix} 2 & 1 & 0 \\ 0 & 4 & 0 \\ 0 & 3 & 2 \end{vmatrix} - (-1) \begin{vmatrix} 1 & 3 & 1 \\ 2 & 1 & 0 \\ 0 & 4 & 0 \end{vmatrix} = 40$$

問 5.3 $\begin{pmatrix} \cos 90^\circ & -\sin 90^\circ \\ \sin 90^\circ & \cos 90^\circ \end{pmatrix} \begin{pmatrix} 1 \\ 2 \end{pmatrix} = \begin{pmatrix} -2 \\ 1 \end{pmatrix}$ より $(-2, 1)$.

問 5.4 $\mathrm{A}(1,1,2)$，$\mathrm{B}(-1,2,-3)$，$\mathrm{C}(3,1,-1)$ とおくと $\overrightarrow{\mathrm{AB}} = (-2,1,-5)$，$\overrightarrow{\mathrm{BC}} = (4,-1,2)$．求める平面の法線ベクトルを $\boldsymbol{n} = (a,b,c)$ とすると $\overrightarrow{\mathrm{AB}} \cdot \boldsymbol{n} = \overrightarrow{\mathrm{BC}} \cdot \boldsymbol{n} = 0$ より $a = \dfrac{3}{16}b$，$c = \dfrac{1}{8}b$．$a(x-1) + b(y-1) + c(z-2) = 0$ に代入し，$3x + 16y + 2z = 23$.

問 5.5 ベクトル $\boldsymbol{a}$，$\boldsymbol{b}$ のなす角を θ とおくと，面積は $\dfrac{1}{2}|\boldsymbol{a}||\boldsymbol{b}|\sin\theta = \dfrac{1}{2}|\boldsymbol{a}||\boldsymbol{b}|\sqrt{1-\cos^2\theta}$.
$\cos\theta = \dfrac{\boldsymbol{a}\cdot\boldsymbol{b}}{|\boldsymbol{a}||\boldsymbol{b}|}$ を代入して，$\dfrac{1}{2}|\boldsymbol{a}||\boldsymbol{b}|\sqrt{1 - \dfrac{(\boldsymbol{a}\cdot\boldsymbol{b})^2}{|\boldsymbol{a}|^2|\boldsymbol{b}|^2}} = \dfrac{1}{2}\sqrt{|\boldsymbol{a}|^2|\boldsymbol{b}|^2 - (\boldsymbol{a}\cdot\boldsymbol{b})^2}$.

問 5.6 $\boldsymbol{a} = (a_1, a_2, a_3)$，$\boldsymbol{b} = (b_1, b_2, b_3)$ とし，$\boldsymbol{a} \cdot (\boldsymbol{a} \times \boldsymbol{b}) = 0$ を示せばよい．

問 5.7 $\tilde{A} = \begin{pmatrix} -2 & 4 & 6 \\ 6 & -2 & -3 \\ -2 & 4 & 1 \end{pmatrix}$，$|A| = 10$ より $A^{-1} = \dfrac{1}{10}\begin{pmatrix} -2 & 4 & 6 \\ 6 & -2 & -3 \\ -2 & 4 & 1 \end{pmatrix}$.

問 5.8 直線はベクトル $(-1,4,1)$ に平行，平面はベクトル $(1,-1,4)$ に垂直である．この二つのベクトルのなす角 θ は $\cos\theta = \dfrac{1}{2}$ より $\theta = 60^\circ$．よって与えられた直線と平面のなす角は $90^\circ - 60^\circ = 30^\circ$.

問 5.9 二つの球面の交わりの円を含む球面の方程式は $x^2 + y^2 + z^2 + x - y + 2z - 1 + k(x^2 + y^2 + z^2 - 2x + y - z - 1) = 0$ とかける．点 $(1,-1,0)$ を通ることから $k = -\dfrac{3}{2}$．よって求める方程式は $x^2 + y^2 + z^2 - 8x + 5y - 7z + 11 = 0$.

問 5.10 [接点] の問題 32 とその解答を参照.

第6章の解答

問 6.1 (1) $a_n = -34 + 2(n-1)$ より $a_{90} = 144$.

(2) $-34 + 2(n-1) > 0$ を解くと $n > 18$. よって求める項数は 19.

(3) 初項から 17(18) 項までの和を求める. $\dfrac{17}{2}\{-34 - 34 + 2(17-1)\} = -306$.

問 6.2 初項を a, 項数を n する. $a(-2)^{n-1} = 192$, $\dfrac{a\{(-2)^n - 1\}}{-2-1} = 129$ より, $a = 3$, $n = 7$.

問 6.3 $a_{n+1} - a_n = \dfrac{1}{3}(a_n - a_{n-1})$, $a_2 - a_1 = \dfrac{4}{3}$ より, $a_n = a_1 + \displaystyle\sum_{k=1}^{n-1}(a_{k+1} - a_k) = 1 + \dfrac{4}{3} \cdot \dfrac{1 - \left(\dfrac{1}{3}\right)^{n-1}}{1 - \dfrac{1}{3}} = 3 - 2\left(\dfrac{1}{3}\right)^{n-1}$.

問 6.4 (1) $\dfrac{3}{2}$ (2) ∞ (3) 0

問 6.5 $a_n = \{1 + 3(n-1)\} = (3n-2)^2$ より, $S_n = \displaystyle\sum_{k=1}^{n}(3k-1)^2 = \dfrac{1}{2}n(6n^2 - 3n - 1)$.

問 6.6 与えられた数列の各項を a_n とおくと, $b_n = a_{n+1} - a_n$ を満たす b_n は $b_n = 3n + 1$ とかける. よって $a_n = 2 + \displaystyle\sum_{k=1}^{n-1}(3k+1) = \dfrac{3}{2}n^2 - \dfrac{1}{2} + 1$.

問 6.7 $a_n = \dfrac{1}{(2n-1)(2n)} = \dfrac{1}{2n-1} - \dfrac{1}{2n}$ より $S_n = \left(1 - \dfrac{1}{2}\right) + \left(\dfrac{1}{3} - \dfrac{1}{4}\right) + \left(\dfrac{1}{5} - \dfrac{1}{6}\right) + \cdots + \left(\dfrac{1}{2n-1} - \dfrac{1}{2n}\right) = 1 - \left(\dfrac{1}{2} - \dfrac{1}{3}\right) - \left(\dfrac{1}{4} - \dfrac{1}{5}\right) - \cdots - \left(\dfrac{1}{2n-2} - \dfrac{1}{2n-1}\right) - \dfrac{1}{2n} < 1$.

問 6.8 $0.\dot{3}2\dot{1} = 0.321 + 0.000321 + \cdots = \dfrac{0.321}{1 - \dfrac{1}{1000}} = \dfrac{107}{333}$.

問 6.9 $x = -t$ とおくと $t \to \infty$. (与式)$= \displaystyle\lim_{t\to\infty} \dfrac{1}{\sqrt{t^2 + 2t} - t} = \lim_{t\to\infty} \dfrac{\sqrt{t^2 + 2t} + t}{2t} = 1$

問 6.10 [接点] の § 6.4 を参照.

第7章の解答

問 7.1 $y = f(x)$ とおくと, 微分係数 $f'(1)$ が $x = 1$ での $f(x)$ の接線の傾きである. $f'(x) = 2x + 2$ より $f'(1) = 4$, $f(x) = -2$. 求める接線は $y = 4(x-1) - 2 = 4x - 6$.

問 7.2 $\sin^{-1}\left(-\dfrac{1}{2}\right) = x$ とおくと $\sin x = -\dfrac{1}{2}$ $\left(-\dfrac{\pi}{2} \leqq x \leqq \dfrac{\pi}{2}\right)$. よって $x = -\dfrac{\pi}{6}$.

問 7.3 $\dfrac{0}{0}$ の不定形より (与式)$= \displaystyle\lim_{x \to 0} \frac{(\tan^{-1} x)'}{(x)'} = \lim_{x \to 0} \frac{1}{1+x^2} = 1$

問 7.4 $f'(x) = 3x^2 - 12x - 15 > 0$ を解くと $x < -1$, $5 < x$. したがって $x = -1$, $x = 5$ で極値をもち, $x < -1$, $5 < x$ で単調増加, $-1 < x < 5$ で単調減少.

問 7.5 接点は曲線上にあることより $(\alpha,\ 2\alpha^2 + 3\alpha + 11)$ とおける. これより求めたい接線は $y - (2\alpha^2 + 3\alpha + 11) = (4\alpha + 3)(x - \alpha)$ とかける. 接線が点 $(-1,\ 2)$ を通ることから $\alpha = 1,\ -3$. したがって $y = 7x + 9$, $y = -9x - 7$.

問 7.6 $f'(-1) = 0$, $f'(-2) = 0$, $f(1) - f(2) = 50$ を解いて, $a = -4$, $b = -6$, $c = 24$.

問 7.7 $f'(x) = 0$ を満たすのは $x = \pm 1$. $f(-1)$ と $f(3)$ を比較して, $x = 3$ のとき最大値 18. $x = 1$ のとき最小値 -2.

問 7.8 $y = 2x^3 - 32$ と $y = ax$ の交点が三つになればよい. グラフを描くと $y = ax$ が $y = 2x^3 - 32$ と接するときより傾きが大きければ交点が三つになることがわかる. $x = \alpha$ における接線 $y - (2\alpha^3 - 32) = 6\alpha^2(x - \alpha)$ は点 $(0, 0)$ を通る. よって $\alpha = -2$. 傾きが $6\alpha^2$ であることより $a > 24$.

問 7.9 $y = x^3 - 9x^2 + 24x$ と $y = k$ の交点の数を考えればよい. $y = x^3 - 9x^2 + 24x$ は $x = 2$ のとき極大値 20 を $x = 4$ のとき極小値 -16 をとる. したがって実数解の個数は $16 < k < 20$ のとき 3 個, $k = 16$, $k = 20$ のとき 2 個, $k < 16$, $20 < k$ のとき 1 個.

問 7.10 [接点] の § 4.2 を参照.

第8章の解答

問 8.1 2 曲線の交点の x 座標は $\dfrac{1}{2}x^2 = -x^2 + \dfrac{3}{2}x + 3$ を解いて $x = -1,\ 2$. したがって,

$$\int_{-1}^{2} \left(-x^2 + \frac{3}{2}x + 3 - \frac{1}{2}x^2\right) dx = \frac{27}{2}.$$

問 8.2 $\pi \displaystyle\int_{-1}^{1} \left(x^2 + 1\right)^2 dx = \frac{56}{15}\pi.$

問 8.3 $x = 3\cos t$, $y = 3\sin t$ より $\dfrac{dx}{dt} = -3\sin t$, $\dfrac{dy}{dt} = 3\cos t$. したがって,

$$\int_{0}^{2\pi} \sqrt{9\left(\sin^2 t + \cos^2 t\right)}\, dt = 6\pi$$

問 8.4 (与式)$= \displaystyle\lim_{\varepsilon \to 0} \int_{\varepsilon}^{1} \frac{1}{x} = \lim_{\varepsilon \to 0} (1 - \log|\varepsilon|) = 1 - (-\infty) = \infty.$

問 8.5 交点の y 座標は $y=-2,\ 1$. 曲線は $x=-3y^2-2y+6$ より $\displaystyle\int_{-2}^{1}(-3y^2-2y+6-y)\,dy=\frac{27}{2}$.

問 8.6 回転する図形は $x>0$ の範囲にあるので $x=\sqrt{1-y}$. $\displaystyle\pi\int_0^1\left(\sqrt{1-y}\right)^2 dy=\frac{\pi}{2}$.

問 8.7 $t^2+2t-8=0$ の解は $t=2,-4$ より $y=c_1e^{2x}+c_2e^{-4x}$.

問 8.8 $u=\dfrac{y}{x}$ $(y=xu)$ とおく. $\dfrac{dy}{dx}=u+x\dfrac{du}{dx}$ を $\dfrac{dy}{dx}=1+3\dfrac{y}{x}$ に代入する. $u+x\dfrac{du}{dx}=1+3u$ より $\dfrac{1}{1+2u}du=\dfrac{1}{x}dx$. 積分して $\dfrac{1}{2}\log|1+2u|=\log|x|+c'$ より $cx^3-x-2y=0$.

問 8.9 [接点] の問題 47 とその解答を参照.

第9章の解答

問 9.1 $A=\{x\ ;\ -1\leqq x\leqq 2\}$, $B=\{x\ ;\ 0<x<3\}$ であることより, $A^c=\{x\ ;\ x<-1,\ 2<x\}$, $B^c=\{x\ ;\ x\leqq 0,\ 3\leqq x\}$.

(1) $A^c\cap B=\{x\ ;\ 2<x<3\}$ (2) $A^c\cup B^c=\{x\ ;\ x\leqq 0,\ 2<x\}$

(3) $(A\cap B)^c=\{x\ ;\ x\leqq 0,\ 2<x\}$

問 9.2 $f^{-1}:\mathbb{Z}\times\mathbb{Z}\to\mathbb{Z}\times\mathbb{Z},\ (x,y)\mapsto(x-1,y+2)$, $g^{-1}:\mathbb{Z}\times\mathbb{Z}\to\mathbb{Z}\times\mathbb{Z},\ (x,y)\mapsto(-x,-y)$, $g\circ f:\mathbb{Z}\times\mathbb{Z}\to\mathbb{Z}\times\mathbb{Z},\ (x,y)\mapsto(-x-1,-y+2)$, $f\circ g:\mathbb{Z}\times\mathbb{Z}\to\mathbb{Z}\times\mathbb{Z},\ (x,y)\mapsto(-x+1,-y-2)$.

問 9.3 逆「$a\cdot b=12$ ならば $a=4$ かつ $b=3$」(偽), 裏「$a\neq 4$ または $b\neq 3$ ならば $a\cdot b\neq 12$」(偽), 対偶「$a\cdot b\neq 12$ ならば $a\neq 4$ または $b\neq 3$」(真). ここで,「$a=4$ かつ $b=3$」の否定は「$a\neq 4$ または $b\neq 3$」である.

第10章の解答

問 10.1 (1) $\begin{pmatrix}5^{n-1} & 2\cdot 5^{n-1}\\ 2\cdot 5^{n-1} & 4\cdot 5^{n-1}\end{pmatrix}$ (2) $\begin{pmatrix}1 & na\\ 0 & 1\end{pmatrix}$

(3) $\begin{pmatrix}\dfrac{4(5^n-2^n)-10(5^{n-1}-2^{n-1})}{3} & \dfrac{2(5^n-2^n)}{3}\\ \dfrac{5^n-2^n}{3} & \dfrac{3(5^n-2^n)-10(5^{n-1}-2^{n-1})}{3}\end{pmatrix}$

問 10.2 反射律と対称律は明らか. $(m,n)\sim(m'',n'')$ かつ $(m'',n'')\sim(m',n')$ とすると,$m+n''=n+m''$ かつ $m''+n'=n''+m'$ より $m-n=m''-n''$ かつ $m''-n''=m'-n'$ と書き換えられる. よって $m-n=m'-n'$ を書き換えて $m+n'=m'+n$ より

$(m,n) \sim (m',n')$ がいえる．したがって推移律も成り立つ．

問 10.3 $a \in \mathbb{Z}$ に対して，$a+0=a$ より 0 は単位元．また，$m+(-m)=(-m)+m=0$ より $-m$ は m の逆元である．よって，$\mathbb{Z}$ は加法を演算として可換群である．

問 10.4 単位元を 0，$x \in \mathbb{Z}_n$ の逆元を $n-x \pmod n$ とする．

問 10.5 単位元を O(零行列)，$A \in M_n$ の逆元を $-A$ とする．

問 10.6 単位元を E(単位行列)，$A \in M_n$ の逆元を A^{-1}(逆行列)とする．ここで，$|A| \neq 0$ より A の逆行列が A^{-1} が必ず存在する．

問 10.7 $G=\{1,-1,i,-i\}$ より乗法を演算として，閉じていることを確認する．乗法であることから結合法則も成り立つ．単位元は 1，逆元は次のようになる．$1 \to 1$，$-1 \to -1$，$i \to -i$，$-i \to i$．G と $\mathbb{Z}_4$ の元を次のように対応させると G と $\mathbb{Z}_4$ は同型であることがわかる．$0 \mapsto 1$，$1 \mapsto i$，$2 \mapsto -1$，$3 \mapsto -i$．

索引

あ 行

か 行

さ 行

た 行

な 行

は 行

ま 行

や 行

ら 行

わ 行

佐久間 一浩 (さくま・かずひろ)

1961年　東京都世田谷区生まれ.
　　　　東京工業大学大学院理学研究科修了, 博士(理学).
現　在　近畿大学理工学部教授.
　　　　専門はトポロジー.
著　書　『数“8”の神秘』(2013, 日本評論社)
　　　　『高校数学と大学数学の接点』(2012, 日本評論社)
　　　　『トポロジー集中講義』(2006, 培風館)
　　　　『幾何学と特異点』(2001, 共著, 共立出版)など
訳　書　『特性類講義』(2012, 共訳, 丸善出版)
　　　　『複素超曲面の特異点』(2012, 共訳, 丸善出版)など

小畑 久美 (こばた・くみ)

1981年　兵庫県美嚢郡吉川町(現・三木市)生まれ.
　　　　近畿大学大学院総合理工学研究科修了, 博士(理学).
現　在　近畿大学工学部教育推進センター助教.
　　　　専門は離散数学(グラフ, 数え上げ).
著　書　『これだけはつかみたい微分積分』(2015, 共著, 共立出版)
　　　　『これだけはつかみたい線形代数』(2015, 共著, 共立出版)

日本評論社ベーシック・シリーズ=**NBS**

大学数学への誘い
(だいがくすうがくへのいざない)

2015年8月10日　第1版・第1刷発行

著　者———佐久間一浩＋小畑久美
発行者———串崎　浩
発行所———株式会社 日本評論社
　　　　　〒170-8474 東京都豊島区南大塚3-12-4
電　話———(03) 3987-8621 (販売) -8599 (編集)
印　刷———藤原印刷株式会社
製　本———株式会社難波製本
装　幀———図工ファイブ
イラスト———オビカカズミ

検印省略　© Kazuhiro Sakuma & Kumi Kobata　ISBN 978-4-535-80627-6